手感烘焙聖經

150道經典創意食譜×280種特選配方
×800張實感圖解・烘焙技藝完全掌握

Anneka Manning
安妮卡・曼寧／著
羅亞琪／譯

Mastering the Art of Baking

手感烘焙聖經

150道經典創意食譜×280種特選配方×800張質感圖解，烘焙技藝完全掌握

作　　者	安妮卡・曼寧（Anneka Manning）
譯　　者	羅亞琪
執 行 長	陳蕙慧
總 編 輯	曹　慧
責任編輯	林昀彤
美術設計	比比司設計工作室
行銷企畫	張元慧、尹子麟
社　　長	郭重興
發行人兼出版總監	曾大福
總 編 輯	曹　慧
編輯出版	奇光出版／遠足文化事業股份有限公司
	E-mail: lumieres@bookrep.com.tw
	部落格：http://lumieresino.pixnet.net/blog
	粉絲團：https://www.facebook.com/lumierespublishing
發　　行	遠足文化事業股份有限公司
	http://www.bookrep.com.tw
	23141新北市新店區民權路108-4號8樓
	電話：（02）22181417
	客服專線：0800-221029　傳真：（02）86671065
	郵撥帳號：19504465　戶名：遠足文化事業股份有限公司
法律顧問	華洋法律事務所 蘇文生律師
印　　製	凱林彩印股份有限公司
二版一刷	2020年2月
定　　價	650元

國家圖書館出版品預行編目（CIP）資料

手感烘焙聖經：150道創意經典食譜×280種特選配方×800張質感圖解，烘焙技藝完全掌握／安妮卡・曼寧（Anneka Manning）著；羅亞琪著. ‒ 二版. ‒ 新北市：奇光，遠足文化，2020.02
　面著：　公分
譯自：Mastering the art of baking
ISBN 978-986-98226-3-3（平裝）

1.點心食譜

427.16　　　　　　　　　　　　　108020239

讀者線上回函

目次 Contents

前言 Introduction

　　烘焙是技術性較高的烹飪形式之一，通常也最具挑戰性，這一點是無可否認的。不過，烘焙同時也能給你最多回饋。

　　剛從烤箱出爐的新鮮烘焙咖啡、核桃蛋糕、雪白雲朵般的香草蛋白霜，以及奶香濃厚的完美布里歐許，這些食物交融而成的香氣讓人宛如置身天堂，造就令人心滿意足的烘焙體驗。《手感烘焙聖經》將帶你瀏覽超過150道極為親民的美妙食譜，每一道都有清楚說明、圖解步驟與專家級祕訣。

　　你將學會如何製作酸種（懶人版）、印度傳統烤餅、英式小圓煎餅和義大利麵包棒，並能端出一道道餡料豐富的水果蛋糕、好吃得要命的果醬甜甜圈、完美的司康和巧克力肉桂巴布卡蛋糕。書中也提供簡單易懂的餡餅食譜，讓你以最便捷的方式變身專家，學會自己動手製作千層酥皮、法式泡芙餅皮和基本餡餅塔皮，做出讓人一口接一口、欲罷不能的香腸捲、肉餡派、漂亮水果塔，甚至是一整座壯觀的法式焦糖泡芙塔。

　　本書完整收錄經典食譜，另提供了關於烘焙材料、器具與技巧的必要資訊，帶你暢遊烘焙那有時讓人洩氣，卻又無比美好的世界，從居家烘焙中獲得種種樂趣與成就感。

Basics

Part 1
烘焙基礎知識和基本功

常見材料 Common Ingredients

麵粉｜為大多數烘焙製品提供最基本的組織結構。自發麵粉其實就是加了泡打粉的中筋麵粉。如欲自製自發麵粉，只需在150公克中筋麵粉裡加入2茶匙泡打粉；使用前，記得過篩數次。

泡打粉｜膨鬆劑的一種，混合材料後可產生空氣。泡打粉是由小蘇打、塔塔粉（或其他酸性粉末），以及玉米粉或粘米粉（吸收濕氣）製成。如欲自行製作泡打粉，只要混合½茶匙塔塔粉、¼茶匙玉米粉與¼茶匙小蘇打，便可取代1茶匙的市售泡打粉。

小蘇打｜製作泡打粉的原料之一，也可做為膨鬆劑。必須結合酸性物質來產生效用，故常用於含有酸性物質的混合物中，例如白脫牛奶、優格、酸奶油、柑橘類水果的果汁，甚至糖蜜。切記，材料混合小蘇打後，要盡快進烤箱，因為小蘇打一接觸酸性物質便會開始產生反應；若靜置久了，便無法膨脹到該有的程度，成品質地較粗糙、孔隙也較大。

可可粉｜去除可可豆中的可可脂（脂肪部分）後，研磨剩餘可可塊而成的（烘焙用）無糖粉末。使用前先過篩去除雜質或結塊。甜可可粉則當成巧克力飲品來販售。荷蘭可可粉被公認品質最佳，顏色很深且風味濃厚。

玉米粉｜由玉米、無麩玉米或是小麥（標籤名稱為小麥玉米粉）製成。烘焙時，可用少量玉米粉代替中筋麵粉，使成品的口感更為鬆軟。

牛奶｜常用在蛋糕、布丁、麵包及速發麵包中，用以濕潤、黏合乾性材料，還能避免烘焙成品太過乾硬。食譜沒特別指明的話，請一律使用全脂牛奶。

奶油｜可以增添風味、酥性／柔軟度與顏色。奶油經打發後，空氣隨之打入，因此烘焙成品在加熱時會變得膨鬆。奶油也能揉進麵粉，或是融化後與其他材料混合。無鹽奶油比含鹽奶油甜，讓你更能控制烘焙使用的鹽量。想加多少，就加多少。用來打發的奶油，請先靜置

常溫下至少30分鐘，軟化後再使用；如果打算搓進乾性材料，奶油則須事先冰過。

白脫牛奶｜發酵乳的一種，將酸性菌種加進牛奶中便可製成。可為蛋糕和麵糊（如鬆餅）增添些微酸味，也能搭配小蘇打一起使用，用以製作蘇打麵包和司康等食品。其酸性與小蘇打的鹼性產生反應，效果特別不錯。想DIY白脫牛奶的話，只要在300毫升全脂牛奶中加入1茶匙現榨檸檬汁即可。

鮮奶油｜有時會加在烘焙食品中，提升濃醇香與柔軟度。香濃程度與打發特性取決於鮮奶油的脂肪含量——脂肪含量越高，越好打發，打發後越濃稠（脫脂鮮奶油則是完全無法打發）。高脂鮮奶油最為濃厚，脂肪含量為48%；一般動物性鮮奶油的脂肪含量為35%；另有一種thickened cream，即加了吉利丁的鮮奶油，因此稍微濃稠，而且更加穩定，適合打發；酸奶油則可為料理增添宜人酸度和濃郁風味。

蛋｜構成烘焙成品的組織、有助於凝固成形，也可讓質地變得輕柔，增添香濃風味。蛋尖朝下放在原本的紙盒或透明硬盒中，再放進冰箱冷藏。使用前，請先置於常溫下；趕時間的話，可以把蛋放進溫水中浸泡10分鐘。本書食譜一律使用約60公克的蛋。

油｜可用於不用糖油拌合法來讓空氣打入奶油的食譜。相較於奶油，用油烘焙而成的食品更易保存且可維持濕度。烘焙用油的風味通常較為溫和，包括葵花油、植物油、淡味橄欖油等。

鹽｜主要功用是調味與提味。若是使用無鹽奶油，只須加入些許鹽巴（通常為½茶匙）。

糖｜能為成品增添風味、濕度與柔軟度。粗砂糖取得容易，但細砂糖更適合烘焙，因為顆粒更細，溶解快速。糖粉為磨成粉狀的白糖，包括純

糖粉或混合糖粉，後者添加少許玉米澱粉，防止結塊；紅糖是添加了糖蜜的精細砂糖，糖蜜可以增添風味；黑糖則添加了較多糖蜜。如果想以紅糖或黑糖取代白糖（反之亦然），請以相同重量（公克數或盎司數）計量，而非體積（杯數）。

蜂蜜・金黃糖漿｜金黃糖漿（golden syrup）又稱轉化糖漿。兩種皆可增加成品甜度，如甜味熱布丁、甜塔、蛋糕、餅乾等。

香草｜有多種產品供選擇。純天然香草精是用香草籽製成的濃縮調味料。請購買純香草精，切勿買標有「人工」字樣的，因為後者並沒有真正的香草成分。市面上也有販售香草籽糊，可取代食

譜上的香草籽。若選用香草籽，用完後把香草莢清洗擦乾，置於糖罐中，可稍微增添其風味。

酵母｜生物性（天然的）發酵媒介。乾酵母可在超市的烘焙區買到，通常裝成一小包或一小罐；新鮮酵母（又稱壓縮酵母）可在高級健康食品店或熟食店買到，在拌入乾性材料前，必須泡在溫水中，使酵母恢復活力、呈表面起泡的狀態。建議將乾酵母恢復活力，以確保其活性，不過這非必要步驟。速溶乾酵母可與活性乾酵母互換，但後者必須恢復活性後才能使用。

烘焙設備和器具 Baking Equipment

烤箱

並非所有烤箱的加熱方式都一樣，所以務必熟悉自家烤箱的特性，視情況自行調整食譜。即便烤箱已精準校正溫度，仍有可能不準。請準備一支高品質的烤箱溫度計，以便不時監測爐溫，並定期檢查烤箱周圍門板的密封墊是否正常，以免熱氣散逸。

旋風烤箱又稱對流恆溫烤箱，利用風扇使熱氣循環，因此加熱食物的溫度和速度比傳統烤箱更高、更快。本書食譜使用的是傳統烤箱——如果你用的是旋風烤箱，爐溫請減少20°C（68°F），在烘烤近尾聲時多檢查幾次，因為烘烤時間可能需要減少10～20%。

使用傳統烤箱烘焙時，請將蛋糕置於烤箱中央；烘烤多盤餅乾時，中途須換位置，以確保受熱均勻。如果同時在烤箱中烘烤兩個蛋糕，兩者間務必保留適當空間，好讓熱氣平均循環。

測量器具

烘焙成功的必要關鍵，在於精準測量材料，不論測的是重量或容量皆然。備料時，測量單位須統一為公制（公克和毫升）或英制（盎司或液量盎司）、重量或容量（杯數）。

量杯 ｜ 常用於測量乾燥或非液態的材料。市面上的量杯多半是塑膠或金屬製品，採整組販售，容量包含：60毫升（¼杯）、80毫升（⅓杯）、125毫升（½杯）和250毫升（1杯）。用湯匙將材料舀進量杯中，在不擠壓到材料的情況下，用平刃刀掃過杯頂，將隆起部分整平。本書的杯量皆以平杯計算，而非尖杯。

液態量杯 ｜ 用於測量液態材料。選購玻璃或透明材質、刻度清晰、壺嘴合宜的量杯。

量匙 ｜ 用來測量少量的乾性與液態材料。市面上的量匙通常是整組販售，容量為¼茶匙、½茶匙、1茶匙與1湯匙。1茶匙等於5毫升。不過，1湯匙的容量有時是15毫升（3茶匙）或20毫升（4茶匙）。本書所使用的湯匙為20毫升。先測量你的湯匙，如果你用的是15毫升，材料用量只需多加1茶匙即可，對泡打粉或小蘇打這類材料而言，尤其重要。書中些量皆以平匙計算，跟量杯一樣，用刀抹出平匙即可。

秤 ｜ 測量乾性材料（如麵粉、糖）與非液態的軟性材料（如優格、果醬）最準確的工具，其中又以電子秤最準。電子秤價格不高，是廚房不可或缺的工具；大部分採用公制和英制重量單位，還可自由切換。有時也能「歸零」數值，讓你在同一個碗裡測量多種材料，對於所有材料都放在同一碗中拌合的食譜來說，相當方便。

混合器具

攪拌盆 ｜ 烘焙的基本器具之一。擁有各種尺寸、品質良好的攪拌盆很重要。不鏽鋼攪拌盆萬用且十分堅固，是冷熱物質的絕佳傳導體；陶瓷或玻璃攪拌盆也很耐用，同樣適合加熱及融化材料；塑膠攪拌盆則不適合用來混合材料，因為會吸味，長時間使用後容易變得油膩。

電動攪拌機 ｜ 可讓你輕鬆有效地打發奶油、糖和蛋白、拌合麵糊。手提式電動攪拌機附可拆卸攪拌棒，有的也附有打蛋器，具多段調速，價格比較便宜，容易收納，而且還可以打蛋或拌合麵糊。如果要在一鍋稍滾的水上進行隔水打發或拌合，就能用這類攪拌機。但並不適用於大量拌合，像是麵包的麵團，而且不如直立式有效率。
直立式電動攪拌機顧名思義，具有一個直立支架及一個旋入支架的碗，通常配有許多附件，例如攪拌樂、打蛋器與調麵勾。和手持式一樣，直立式攪拌機也有多段調速，但馬力更強，因此可以處理較大、較黏稠的混合物。
請選購在預算範圍內最好的攪拌機。

食物調理機｜重要的烘焙器具之一。除了能打碎堅果，還可製作麵包屑，甚至是餅皮。建議選購預算範圍內最好的食物調理機，而且要買附有大碗的。迷你食物調理機可處理少量材料，也是很好的投資。

烘焙好幫手

金屬製大湯匙｜十分實用。可將乾性材料以切拌法攪拌進麵糊中，或是在已打發的蛋白內進行切拌動作，而不至於讓打入的空氣散逸。

木匙｜用於混合和拌合。木匙特別適用於以平底鍋加熱的材料，以及需要拌合或混合的大量材料。

不沾烘焙紙／烘焙墊｜可鋪在烤盤上，取代抹油或撒粉。烘焙墊在廚房用品店都買得到，可重複使用，用完後以熱肥皂水清洗，完全晾乾後再收納。

烘焙石｜可重複使用的陶瓷或金屬小砝碼，用於盲烤餡餅餅皮。也可用乾燥豆子或米粒取代，不過砝碼的效果較好。

網篩｜用於過篩麵粉，幫助空氣打入、均勻結合材料（如麵粉、可可粉或泡打粉）。網篩也可用來在工作檯上撒麵粉，以便揉餅皮或麵團，或是在烤好的成品表面撒上糖粉或可可粉。

計時器｜準確計時用，避免食物烤焦。電子計時器比機械的準確。許多烤箱都有內建計時器。

打蛋器｜將空氣打入材料、消除塊狀物用，並能結合如蛋、油等液態材料。打蛋器有多種形狀和大小，不過不銹鋼球型打蛋器往往足以應付任何食譜。

烤箱溫度計｜很重要的廚房用具。並非所有烤箱的溫度都經過調校，爐溫極可能相差好幾度以上；「熱點」也很常見。溫度計可讓你知道烤箱溫度是否準確，在必要時進行調整。將烤箱設在同一溫度後，在箱中移動溫度計的位置，看看讀出的溫度是否一致，便能知道「熱點」是否存在。不用烤箱時也無須拿出溫度計。

麵團刷｜刷毛有天然、尼龍和矽膠等材質，用於在塔上抹糖水、在餅皮和麵團上刷蛋液，以及為蛋糕模抹油。建議添購幾支不同大小的刷子，收納前洗淨晾乾。請勿購買太便宜的刷子，以免刷毛脫落。

擠花袋・擠花嘴｜可將蛋白霜或餅乾麵糊擠成各種形狀，也能擠出鮮奶油、奶油糖霜或其他霜飾來裝飾蛋糕。市面上有各種款式的擠花袋和各種大小、形狀的擠花嘴。收納前務必洗淨晾乾。

擀麵棍｜選購筆直堅固，長度足以擀開全部餅皮或麵團的擀麵棍，以免兩端在餅皮或麵團表面留下痕跡。以長度45公分、直徑5公分最為適合。木棍比瓷棍或大理石棍來得好，因為木棍表面能吸附一層薄薄的麵粉，避免餅皮或麵團沾黏。最好的擀麵棍是用紋理細緻、拋光

平滑的硬木製成。清潔擀麵棍時請用濕布擦拭。切忌將木製擀麵棍浸在水中。

抹刀｜有各種大小和彈性，刀刃薄而平、末端呈圓頭狀，將餅乾從烤盤中移到冷卻架上、將蛋糕脫模取出或塗抹糖霜使用。

刮刀｜材質包括矽膠、橡膠或塑膠。矽膠和橡膠刮刀彈性較佳，但橡膠較易吸色吸味。用於切拌和結合材料，將材料從攪拌盆和食物調理機中刮出。建議選購數個不同大小和形狀的刮刀，替換使用。

蛋糕測試針｜細長的金屬或竹製探針。金屬測試針可至廚房用品店購買，是最好的選擇，因為不會在成品上留下大洞。探針插入蛋糕中央，取出後若乾淨無沾黏（除非食譜另有註明），就表示熟透了。

尺規・捲尺｜器材櫃裡都該準備一個，可以測量模具或壓模的大小、幫助鋪模及測量餅皮或餅乾麵團的厚度。

平底煎鍋｜烘焙時極佳的輔助器材。可用來煎炒和水煮水果、油炸餡餅、製作焦糖，或者煮卡士達、糖漿和醬料。建議添購數個大小不一的鍋子，因應各種需要。有隔熱握柄的厚底煎鍋很適合做蘋果倒塔，可直接放在瓦斯爐上，也能送進烤箱。

切割・刨磨器具

刨磨器｜有許多形狀和大小，從傳統的研磨箱到銼刀型的Microplane刨刀都有；具多種孔目大小，以達特殊效用，如將柑橘類水果的果皮或肉荳蔻果磨得極細，或是將巧克力和乳酪刨絲。建議選購具多種孔目的刨磨器，或添購數個不同的刨磨器，以便執行不同的烘焙任務。

刀具｜應定期磨刀、手洗清潔（而非放進洗碗機中），便可避免刀刃產生缺口，使銳利度更耐久。請務必完全晾乾後再收納。萬用廚刀很方便，可以切巧克力、堅果和果乾等食材；削皮廚刀可修掉派邊、切水果或切割小東西；想將蛋糕切成厚度一致的蛋糕層，鋸齒長刀再適合不過了（參見P.131），還能在義式脆餅兩次烘烤之間進行切片，或單純切蛋糕和麵包使用。

剪刀｜超好用工具之一，可用來裁剪烘焙紙、鋪在蛋糕模，也可剪下餅皮作為裝飾。廚房裡最好備有一把高品質的剪刀，專供烹飪使用。

派皮／餅乾壓模｜造型與尺寸多樣，從簡單樸素的圓形，乃至複雜的設計，如數字、字母或最新穎的造型。金屬壓模的邊緣通常比塑膠壓模銳利，無須太用力便能切斷麵團。收納前須洗淨並完全晾乾（以洗碗機清洗烘乾的話，金屬壓模請採低溫乾燥）。

烘焙模具

烤盤｜選購可放入烤箱的最大尺寸，材質必須堅固，不會鼓起或變形。請添購兩個以上的烤盤，就能一次烘烤多盤。

蛋糕模·（長條）麵包模｜有各種大小、形狀與塗料。務必使用食譜指定的大小和形狀，否則烘焙成品可能不如預期。製作模具的金屬類型及塗料，會影響模具的傳導性及烘烤效果：亮漆模具能反彈熱能、防止烤焦，而深色無光澤的不沾模具則較容易吸收、保留熱能，可烤出顏色較深、稍厚的外皮。選購品質較好的模具，側邊與底部垂直為佳，並依指示備模（參見PP.122～123）。本書所有模具皆從底部測量，只有菊花模例外，因為這種模具適合從頂部測量。如果模具刻有直徑記號，請再行測量以保準確（坊間許多扣環式活動模的標記有誤）。

扣環式活動模｜打開模具側邊的扣環便可卸下底盤。製作易碎的蛋糕（如無麵粉蛋糕、乳酪蛋糕）時，就需要扣環式活動模，因為這類蛋糕無法倒扣在架上。請務必確保扣環可以緊緊接合底部和側邊，不會外漏。鎖上扣環前，底部倒過來擺，便能消除原有的底緣，讓蛋糕更容易脫模。

中空模·菊花模·天使蛋糕模｜中央有根管子，可讓蛋糕或麵包的麵團形成中空，烘烤時相對快速、均勻。中空模或菊花模（咕咕霍夫模）無法鋪烘焙紙，因此最好先抹

上一層厚油及撒上少許麵粉（依食譜指示），P.122有詳細說明。天使蛋糕模則不需抹油、鋪紙或撒粉。

小蛋糕模｜底部有平坦和圓形兩種，可以用來製作杯子蛋糕等各種類型的小蛋糕。

派塔模｜具多種形狀、大小、深度與塗料。通常不必事先抹油，因為派塔和餡餅的奶油含量高，不易黏模。一般會使用底部可拆卸的塔模，方便脫模。跟蛋糕模一樣，收納前須以熱肥皂水清洗，並完全晾乾（用洗碗機的話，請用低溫乾燥）。

馬芬模｜通常有三種尺寸：大（250毫升／1杯）、中（80毫升／⅓杯）和迷你（20毫升／1湯匙）。

杯型布丁模‧白瓷焗烤杯｜多為金屬或陶瓷材質，可用來製作布丁。

耐高溫盤｜可盛裝布丁，送進烤箱烘烤；也可當作水浴（water bath）使用，製作需要溫和烘烤的精緻甜點（烤肉盤也能當作水浴使用）。

布丁缽｜一般用於蒸布丁，材質包括陶瓷、石頭和金屬等。金屬缽通常附有蓋子可扣緊，十分方便；陶瓷缽或石缽則須在蒸布丁前，先用鋁箔紙密封杯口。

披薩石｜未上釉料的平坦厚石板，專門用來烘烤披薩。麵包也可放在披薩石上烘烤，特別是形狀不拘的鄉村麵包。石板可使受熱平均，又能吸收水分，因此烤出來的底部很酥脆。披薩石必須放進未事先預熱的烤箱中，再行加熱，因為溫度倘若突然改變，可能導致石板裂開。請勿使用清潔劑清洗，只要等石板冷卻後，再以乾燥的刷子刷洗即可。

冷凍保存方式 Freezing

大多數烘焙成品可以冷凍存放三個月。沒有餡料或糖霜的蛋糕、餅乾、切片、速發麵包、麵包和塔類，冷凍效果會比有糖霜裝飾或餡料的同類成品來得好。翻糖、糖衣或蛋白糖霜裝飾的蛋糕和餅乾、乳酪蛋糕、以蛋白霜為主的烘焙成品，以及餡料採用鮮奶油為基底的食譜，冷凍效果也較差。

在包好烘焙成品、準備送進冰箱冷凍前，記得務必完全放涼後，先包上一層保鮮膜，再用雙層鋁箔紙、冷凍保鮮袋或夾鏈袋（務必盡量擠出空氣）密封，以免流失水分。小型烘烤食品，如餅乾、切片、杯子蛋糕等，可以放進保鮮盒，鋪上一層冷凍用保鮮膜或不沾烘焙紙後再密封。放進冰箱前，貼上標籤並清楚註明日期。

未經烘烤的餅皮（參見PP.28-43）和不含膨鬆劑的餅乾麵團也可以成功冷凍。將餅乾麵團塑形、揉開或切好，接著放在烤盤上冷凍。冷凍完畢後，以冷凍用保鮮膜、不沾烘焙紙或冷凍保鮮袋分層疊放，再放進保鮮盒。若要烘烤從冰箱裡拿出來的餅乾，烘烤時間記得多加5分鐘。

其他烘烤成品可在常溫下解凍，或者先放進冷藏室再拿到常溫下，便可食用。盡量不要用微波爐解凍，因為加熱時容易受熱不均，過程中也可能「變硬」。

基礎拌合技巧 Basic Mixing Techniques

融化拌合法（蛋糕、餅乾、切片、速發麵包）

結合材料最快速、最簡便的一種方法。

❶ 乾性材料攪拌在一起，中間挖出一個大洞。

❷ 融化奶油（以及食譜載明的其他材料）後，靜置放涼（如有特別指明的話）。濕性材料倒進乾性材料中間的洞裡，用木匙攪拌到均勻拌合。也可將所有材料放進食物調理機，按下瞬間攪拌鍵（pulse）即可。

糖油拌合法（蛋糕、餅乾、切片）

這是利用電動攪拌機來打發奶油和糖的方法（當然了，徒手用木匙大力攪拌也行），目的在於改變混合物的濃稠度、打入空氣，讓蛋糕、餅乾或切片在烘烤時可以稍微膨起。

❶ 奶油應先軟化，但不可融化。奶油、糖和其他指定的香料（如香草或柑橘類水果皮末）一起放入適當大小的攪拌盆中。

❷ 用電動攪拌機打發材料。若想得到最佳效果，千萬別貪快——持續打發，直到混合物呈絨毛狀、體積略微變大、顏色泛白的地步。此時，糖幾乎已完全溶解。接著開始打發、攪拌或拌切其他材料，準備烘烤。

油搓粉法（餅乾、切片、司康、速發麵包、餡餅）

油搓粉法必須快速而輕柔地完成，以免奶油融化。雙手保持冰涼更利於進行；天氣炎熱時，可用冷水沖洗雙手。

❶ 在此法中，奶油通常會先冷凍（非必要程序）。再切成同樣大小的小塊。

❷ 用指尖將奶油搓進乾性材料中，直到混合物呈精細或粗糙（視食譜而定）的麵包屑狀（此步驟也可改用食物調理機處理）。其他材料通常會在此步驟後，用平刃刀或木匙拌入。

切拌法（蛋糕、蛋白霜混合物）

切拌法就是將某種混合物拌入另一種混合物中。此法常用以結合較輕、充滿空氣的混合物（如打發的蛋白）與較重的混合物（如融化的巧克力和奶油），或者是將麵粉拌入乳化的奶油混合物中，以免烘烤前混合物變硬。

❶ 較輕的混合物分批加入較重的混合物中。用一支金屬大湯匙或刮刀從中間切下去，接著轉動湯匙，沿著碗緣像畫圓圈一樣切拌。

❷ 轉動攪拌盆，並重複切拌動作，務必從盆底往上翻動，讓混合物均勻結合，直到看不到氣泡為止。持續切拌到兩種混合物剛好拌勻。切勿打發或攪拌，要不然原先打入的空氣會散逸，而且混合物（可能）會變硬。

打蛋法（蛋糕、蛋白霜混合物）

如果食譜要求將空氣打入全蛋或蛋白中，就要用到打蛋法。全蛋和蛋白須置於常溫下，比起冰過的蛋，這樣能打入更多空氣。使用乾淨、乾燥、裝得下欲打發之全蛋或蛋白的攪拌盆。若想得到最好的效果，請用附有打蛋器的電動攪拌機，或是依個人喜好，使用球型打蛋器亦可。

全蛋和糖

● 為了製作海綿蛋糕的基底而打發全蛋和糖時，必須打發到混合物體積增多，變成相當濃稠且泛白的狀態。食譜通常會寫明，混合物必須打到「舉起打蛋器時形成摺痕」的狀態。此法有時會在隔著滾水的攪拌盆中進行，這樣一來全蛋便能一邊打發、一邊加熱變稠。

蛋白

① 為了製作蛋糕或蛋白霜而打發蛋白時，必須打發至尾端呈彎曲或挺直狀（視食譜而定）。

② 如果要打入糖，必須分次加入，一次一匙。同時持續打發蛋白，直至拌入所有的糖，混合物變得濃稠有光澤，而且糖已全數溶解的狀態。可用手指搓揉一小撮混合物，便可判斷。

糖霜 Icings

香草奶油糖霜

| 準備時間：5分鐘 | 烹調時間：無 | 份量：約1杯，可塗抹12個杯子蛋糕或一個22cm蛋糕 |

材料

＊100g無鹽奶油，稍微軟化
＊1茶匙天然香草精
＊160g（1⅓杯）糖粉，過篩
＊牛奶（選用）

做法

❶ 奶油和香草精倒入小型攪拌盆裡，用電動攪拌機打發至泛白乳化（圖1）。

❷ 以一次60g（½杯）的方式慢慢打入糖粉，每次都要打發均勻（圖2）。

❸ 測試濃稠度（圖3）。如果奶油糖霜太濃稠，以一次1茶匙的方式打入一些牛奶，直到打出想要的濃稠度。

變化版

巧克力奶油糖霜
過篩糖粉與30g（¼杯）的無糖可可粉。份量約為1¼杯。

白巧克力奶油糖霜
倒入糖粉後，打入50g融化冷卻的白巧克力。份量約為1¼杯。

柳橙奶油糖霜
不用香草精。倒入糖粉後，以切拌法拌入½茶匙柳橙皮末。

楓糖奶油糖霜
糖粉減至150g（1¼杯）。倒入糖粉後，打入2湯匙楓糖糖漿。

榛果奶油糖霜
以80g（¼杯）榛果巧克力醬取代20g奶油；糖粉減至150g（1¼杯）。倒入糖粉後，打入1湯匙榛果利口酒。

柑橘奶油糖霜
倒入糖粉後，打入2茶匙檸檬或柳橙皮末。可依喜好加上黃色或橘色食用色素。

咖啡奶油糖霜
在1茶匙滾水中溶解1茶匙即溶咖啡顆粒，放涼後倒入糖粉，打入奶油糖霜中。

覆盆子奶油糖霜
不用香草精。倒入糖粉後，以切拌法拌入1½湯匙覆盆子果醬。

堅果奶油糖霜
不用香草精。倒入糖粉後，以切拌法拌入1½湯匙開心果碎粒或烤過、去皮的榛果粒。

辛香奶油糖霜
不用香草精。倒入糖粉後，以切拌法拌入½茶匙肉桂粉或（南瓜派常用的）綜合辛香料。

糖衣

| 準備時間：5分鐘 | 烹調時間：2分鐘 | 份量：約¾杯，可塗抹12個杯子蛋糕或一個22cm蛋糕 |

材料

＊180g（1½杯）糖粉，過篩
＊20g無鹽奶油
＊1湯匙水

做法

❶ 所有材料倒入隔熱小碗，放在裝有熱水的平底鍋上隔水加熱（勿讓碗底碰到熱水）（圖1）。

❷ 拌至奶油融化，糖霜色澤光滑、質地滑順（圖2）。立即使用。

變化版

咖啡糖衣
1茶匙即溶咖啡顆粒和1湯匙滾水一起拌勻，用以取代水。

巧克力糖衣
2湯匙過篩無糖可可粉倒入糖粉中；水增加為2湯匙。

柑橘糖衣
以1湯匙的柳橙汁、檸檬汁或萊姆汁取代水，加入1茶匙柳橙、檸檬或萊姆皮末。可依喜好加上黃色、橘色或綠色的食用色素。

❶ 奶油和香草倒入小型攪拌盆裡，打發至泛白乳化。

❷ 慢慢打入糖粉，打發至拌勻為止。

❸ 用平刃刀或抹刀測試奶油糖霜是否已達可塗抹的濃稠度。

Tip

奶油糖霜與變化版都可蓋上保鮮膜、放冰箱冷藏30分鐘後再使用。如果冰了更久時間，使用前須靜置常溫軟化。冷藏超過30分鐘將會影響奶油糖霜的質地和稠度。

❶ 糖粉、奶油和水倒入碗中，放在裝有熱水的平底鍋上隔水加熱。

❷ 等到奶油融化，糖霜色澤光滑、質地滑順，即可使用。

基本餅皮 Shortcrust Pastry

又稱鬆脆酥皮，因奶油含量高及蛋黃之故，使得基本餅皮與基本甜餅皮有著入口即化的質地和香濃的風味，可做派、塔餅底。想做好這類餅皮並不難，只需注意一些基本原則即可。在製作過程的每個階段中，麵皮都要盡可能地保持冷涼的狀態——不論何時，只要麵皮過於溫熱，成品就會粗糙油膩，而且難以操作。如同所有的餡餅一般，在攪拌或擀開時，務必小心不可過度拌揉，否則烘烤時會縮水變硬。擀開餅皮之前務必放進冰箱靜置，鋪上烤模進行烘烤之前也是如此；這個步驟可以避免餅皮縮水變硬。

❶ 用指尖將奶油搓進材料裡，手心朝上以便舉高、搓進空氣。

❷ 在乾性材料中，用平刃刀慢慢加入液態材料拌合，形成一塊粗糙麵團。

❸ 輕揉麵團幾次，直到變得滑順。

❹ 麵團塑成圓盤，以保鮮膜包好。

基本餅皮

| 準備時間：10分鐘（＋冷藏30分鐘）| 份量：可鋪滿一個24cm淺底花邊塔模或四個8cm花邊塔模 |

材料

* 260g（1¾杯）中筋麵粉
* ½茶匙鹽
* 125g冰過的無鹽奶油，切丁
* 1顆蛋黃
* 2茶匙檸檬汁
* 約1湯匙冰水

做法

❶ 麵粉和鹽篩入大型攪拌盆裡。手心朝上，用指尖搓入奶油，搓到呈麵包屑狀；搓揉時手舉高，以便搓進空氣（圖1）。

❷ 乾性材料中央挖出一個大洞。打發蛋黃、檸檬汁和水。倒入乾性材料，用平刃刀慢慢拌合，形成一塊粗糙麵團；若有必要，可多加一點水（圖2）。

❸ 壓合麵團，觸感應柔軟而不黏手。麵團倒在撒有薄粉的冰涼工作檯上，輕揉幾次，直到呈滑順狀（圖3）。

❹ 麵團塑成圓盤，以保鮮膜包好（圖4）。揉開麵團使用前，放進冰箱靜置30分鐘。

變化版

帕瑪森乳酪餅皮
搓入奶油後，倒入35g（⅓杯）的帕瑪森乳酪末。

香草餅皮
搓入奶油後，倒入1湯匙細香蔥碎末和1湯匙羅勒葉碎末。

基本甜餅皮

| 準備時間：10分鐘（＋冷藏30分鐘）| 份量：可鋪滿一個24cm淺底花邊塔模、四個8cm花邊塔模或一個24孔小蛋糕模 |

材料

* 225g（1½杯）中筋麵粉
* 30g（¼杯）糖粉
* ½茶匙鹽
* 125g冰過的無鹽奶油，切丁
* 1顆蛋，稍微打過
* 冰水（選用）

做法

❶ 麵粉、糖粉和鹽過篩到大型攪拌盆裡。手心朝上，用指尖搓入奶油，直到呈麵包屑狀；搓揉時手舉高，以便搓進空氣（圖1）。

❷ 乾性材料中央挖出一個大洞。倒入打發好的蛋，用平刃刀慢慢拌合，形成一塊粗糙麵團；若有必要，可多加一點水（圖2）。

❸ 壓合麵團，觸感應柔軟而不黏手。麵團倒在撒有薄粉的冰涼工作檯上，輕揉幾次，直到呈滑順狀（圖3）。

❹ 麵團塑成圓盤，以保鮮膜包好（圖4）。揉開麵團使用前，放進冰箱靜置30分鐘。

變化版

杏仁餅皮
以50g（½杯）杏仁粉取代75g（½杯）麵粉；奶油減至100g。

紅糖餅皮
以65g（⅓杯，未壓實）紅糖取代糖粉。

Tip

兩種派皮都能在三天前做好，用保鮮膜包好後冰在冰箱裡。揉開前，先放在常溫下稍微軟化。未經烘烤的派皮以保鮮膜包好，放入冷凍保鮮袋冷凍，可存放四星期。解凍時請放在冷藏室中，切勿置於常溫下。

法式鹹派皮

在派皮的製作上，好的派皮富含油脂，質地如麵包屑，這種特質就稱為「short」。法式鹹派皮（pâte brisée）味道濃厚、用途多元，由於不含糖，相當適合製作鹹塔或鹹派。法式鹹派皮的油脂含量比基本餅皮多一點；後者的油脂與麵粉通常會遵循1：2的嚴格比例，法式鹹塔皮的比例則稍高。你也能用豬油取代一半的奶油——豬油能使派皮更加鬆脆柔軟，香濃風味無與倫比。

| 準備時間：10分鐘（＋冷藏30分鐘）| 份量：可鋪滿一個26cm塔模 |

材料

* 250g（1⅔杯）中筋麵粉
* 少許鹽
* 175g冰過的無鹽奶油，切塊
* 約60～80ml（¼～⅓杯）冰水

Tip

欲製作更香濃的派皮，冰水可減至1～2湯匙，將一顆冰過的蛋和一顆冰過的蛋黃稍微打過，倒入洞裡。可視需要多加一點冰水。

做法

① 麵粉和鹽倒入大型攪拌盆裡，拌在一起。倒入奶油，用刮板或奶油切刀將奶油切進麵粉中，直到奶油變成豆子般大小。手心朝上，用指尖搓入奶油，直到呈麵包屑狀；搓揉時手舉高，以便搓進空氣。

② 材料堆成小丘，中央挖出一個大洞。倒入60ml（¼杯）冰水，用一根指尖撥動冰水，讓麵粉漸漸和水接觸，直至冰水均勻分布麵團。麵團會變成不平整的山丘狀（圖1）。

③ 從離你較遠的那一端開始，用手掌底部將麵團由內而外、以快速、平順、滑動的方式推揉伸展（圖2），持續此步驟直到所有麵粉都推揉過、麵團開始成形。如果麵團表面未見滑順，可多加一些冰水（水量視麵粉的乾燥程度和空氣的濕度而定）。這個推揉的步驟可能要重複二至三次，麵團才會滑順。

④ 麵團揉在一起，壓成厚2.5cm的圓盤（圖3）。揉開麵團前，以保鮮膜包好，冷藏30分鐘。

① 用手指將麵粉慢慢撥進冰水中，麵團便會形成不平整的山丘狀。

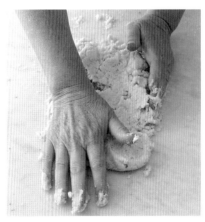

② 用掌腹將麵團以快速、平順、滑動的方式向前推，待麵團開始成形。

③ 麵團變滑順後，揉在一起，壓成厚度2.5cm的圓盤狀。

法式甜塔皮

法式甜塔皮（pâte sucrée）有著與餅乾相似的絕佳風味和質地，通常用於製作餡料不需烘烤的甜塔，如水果塔。這種麵團十分脆弱、容易揉捏過度，導致麵團太軟而難以操作。如果麵團過軟而無法擀開，可用保鮮膜包好冷藏15分鐘。擀麵團時請避免使用太多麵粉，因為麵粉可能會被塔皮吸收，導致烘烤過後變粗糙。多餘的麵粉可用乾淨的毛刷撢掉。

| 準備時間：10分鐘（＋冷藏30～45分鐘） | 份量：可鋪滿一個24cm花邊塔模、四個8cm塔模或10個6cm塔模 |

材料

* 250g（1⅔杯）中筋麵粉
* ½茶匙鹽
* 110g（½杯）細砂糖
* 150g無鹽奶油，切成1.5cm小塊，常溫靜置10分鐘
* 3顆蛋黃，稍微打過

做法

❶ 麵粉和鹽過篩到大型攪拌盆裡。拌入砂糖。手心朝上，用指尖搓入奶油，直到呈麵包屑狀；搓揉時手舉高，以便搓進空氣（圖1）。

❷ 在乾性材料中央挖出一個大洞。加進蛋黃（圖2），用指尖慢慢拌合，直到形成粗糙麵團。

❸ 麵團倒在撒有薄粉的冰涼工作檯上。快速輕揉麵團（圖3），使奶油和蛋液均勻分布，揉到滑順為止。麵團塑成圓盤，以保鮮膜包好。擀開麵團之前，冷藏30～45分鐘。

變化版

法式巧克力甜塔皮

麵粉減至225g（1½杯）。過篩30g（¼杯）的無糖可可粉、麵粉和鹽。

Tip

這款派皮可在擀開、鋪上塔模之後，放進冰箱冷凍。烘烤之前不需解凍。天熱時，所有的材料（甚至是麵粉）都可事先冷藏，這樣會較好操作。

❶ 手心朝上，用指尖搓入奶油；搓揉時手舉高，以便搓進空氣。

❷ 在乾性材料中央挖出一個大洞，加進蛋黃。

❸ 麵團倒在撒有薄粉的冰涼工作檯上。快速輕揉麵團，揉到表面滑順為止。

用食物調理機製作餅皮

│ 準備時間：10分鐘（＋冷藏30分鐘）│ 份量：可鋪滿一個24cm淺底花邊塔模或四個8cm花邊塔模 │

材料

* 260g（1¾杯）中筋麵粉
* ½茶匙鹽
* 125g冰過的無鹽奶油，切丁
* 1顆蛋黃
* 檸檬汁2茶匙
* 約1湯匙冰水

做法

① 麵粉、鹽和奶油放入食物調理機，攪拌至混合物呈粗麵包屑的狀態（圖1）。

② 加入蛋黃、檸檬汁和水，按下瞬間攪拌鍵短暫攪打一下，直到麵團恰好開始黏合；若有必要，可多加一些冰水（圖2）。

③ 擠壓麵團——觸感應柔軟而不黏手。麵團倒在撒有薄粉的冰涼工作檯上，輕揉幾次，直到麵團表面滑順即可。

④ 麵團塑成圓盤，以保鮮膜包好。擀開麵團之前，放進冰箱靜置30分鐘。

擀開餅皮

做法

① 餅皮從冰箱取出，若有必要，可置於常溫20～30分鐘，或至麵團稍微軟化，以便輕易擀開。在擀麵棍和工作檯（最好是像大理石板般的冰涼檯面，以免麵團變得過熱）上稍微撒粉。從麵團中央往邊緣擀開，方向固定，不時轉動麵團，均勻擀開、不沾黏工作檯。擀到理想的厚度為止，通常為3～5mm（圖1）。

② 烘烤餅皮不需在烤模上抹油，即使烤模並非不沾材質也一樣，因為餅皮的奶油含量高，不致於產生沾黏的情況。擀好的麵團移至烤模中，最簡單的方式是將麵團小心地捲在擀麵棍上（鬆鬆的即可）、移到烤模上方，再小心地攤開（圖2）。使用小型烤模的話，麵團先切成適當大小，再捲上擀麵棍。

③ 用于小心按壓麵團，以貼合派盤紋路，切記麵團務必貼合烤模底緣（圖3）。

④ 用擀麵棍擀過烤模頂部，壓除多餘的餅皮（圖4）。或是用小刀沿著烤模邊緣，切掉多餘餅皮。

❶ 攪拌麵粉、鹽和奶油，直到混合物呈粗麵包屑的狀態。

❷ 加入蛋黃、檸檬汁和水，按下瞬間攪拌鍵，直到麵團恰好開始黏合。

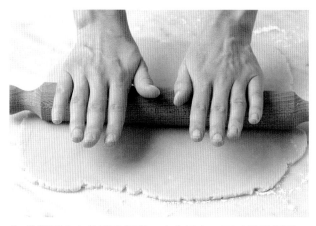

❶ 從麵團中央往邊緣擀開，方向固定。不時轉動麵團，均勻擀開。

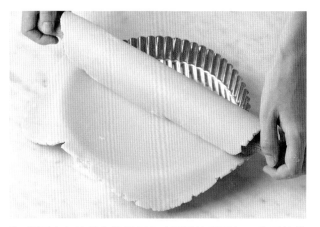

❷ 麵團小心地捲在擀麵棍上（鬆鬆的即可）、移到烤模上方，再小心地攤開。

❸ 用手小心按壓麵團，以貼合派盤紋路；麵團務必貼合烤模底緣。

❹ 用擀麵棍擀過烤模頂部，以壓除多餘的餅皮。

盲烤

餅皮必須經過部分或完全烤熟後再填充餡料，才能做出酥脆口感，並避免填充餡料變得潮濕。為達此標準，會用到一種稱作「盲烤」的技巧，也就是在尚未烘烤的餅皮上覆蓋一張不沾烘焙紙，接著放入陶瓷或金屬烘焙石（可用生米或乾燥豆子取代）。豆子的重量可避免在烘烤過程中，發生派皮、塔皮底部膨脹或邊緣倒塌的情形。餅皮必須部分或完全烤熟，視填充餡料而定。放進餅皮烘烤的若是濕潤餡料（如以卡士達為基底的熟餡料或杏仁奶油餡），餅皮就得部分烤熟；不須烤熟的餡料（像蛋奶餡），就得填入完全烤熟且放涼的餅皮。

做法

① 冷凍準備好的餅皮，可避免烘烤時縮水。烤模鋪好餅皮後放在烤盤上。烤箱預熱至220℃（425℉）或食譜指定的溫度。

② 撕下一張方形烘焙紙，須蓋滿烤模底部和邊緣。烘焙紙對摺兩次，做出一個小正方形。正方形沿對角線對摺，做出一個三角形，再從尾端摺出一個小三角形。剪掉小三角形，攤開烘焙紙，便是一個八角形，長度須比烤模直徑多5cm。烘焙紙覆蓋在餅皮上，輕輕壓實烤模邊緣（圖1）。

③ 烘焙石（生米或乾豆子也可）倒入至四分之三滿，壓住餅皮。確保邊緣都有填滿（圖2）。

④ 餅皮放進預熱好的烤箱烤10分鐘。烤箱溫度降到190℃（375℉）或食譜指定的溫度，再續烤5分鐘或直到餅皮部分烤熟、表皮呈淺金色。取出烘焙紙和烘焙石（圖3）。按照食譜的做法使用塔皮。

⑤ 若要完全烤熟，再放回烤箱續烤8～12分鐘或烤到表皮呈金黃色（圖4）。靜置在冷卻架上放涼後，脫膜取出餅皮，開始填充餡料。

① 攤開八角形烘焙紙，覆蓋在餅皮上，輕輕壓實烤模邊緣。

② 用烘焙石將餅皮裝至四分之三滿。

③ 用烘焙紙包起烘焙石取出。

④ 若要完全烤熟，必須烤到表皮變金黃色。填充餡料前，先放在烤模中完全放涼。

千層酥皮 Puff Pastry

　　想做好千層酥皮，唯有大量的練習和耐性，而一切努力必能豐收成果。大部分市售千層酥皮都是以乳瑪琳（margarine）或植物油製成，由於這些油比奶油的熔點高，可使餅皮膨脹得更加壯觀。然而，使用頂級無鹽奶油的手做版本，風味將遠勝前者。每次摺麵團前、進行擀開的動作時，擀完的麵團長度應是寬度的三倍。盡量保持四邊平直，必要時可用抹刀輔助。倘若麵團擀開後黏在工作檯，也能馬上用抹刀鏟起。這個食譜能做出81層餅皮，不過有些技巧高超的糕點師傅所做出的千層酥皮，不但品質極佳，甚至可達730層之多！每次摺麵團前，務必先冷藏靜置。

| 準備時間：45分鐘（＋冷藏1小時20分鐘）| 份量：約550g |

材料

＊225g（1½杯）中筋麵粉，過篩
＊½茶匙鹽
＊200g無鹽奶油，稍微軟化
＊約90ml冰水

做法

❶ 在大型攪拌盆中混合麵粉和鹽。25g奶油切成小碎塊，加進盆裡。手心朝上，用指尖搓入奶油，搓到呈麵包屑狀；搓揉時手舉高，以便搓進空氣。撒點水，接著使用平刀刀以切割的動作混合材料，直到形成粗糙麵團。用手輕揉麵團，必要時多加一些水，揉至麵團變得柔軟而不黏手。

❷ 麵團塑成10×15cm的長方形，接著以保鮮膜包好，冷藏20分鐘，麵團會稍微變硬。

❸ 檢查剩餘的奶油是否和麵團一樣柔軟──如果看起來太油膩，就代表太軟，必須冰過。

❹ 麵團倒在撒有少許麵粉的工作檯上，用擀麵棍由內而外將麵團擀成12×36cm的長方形（圖1）。用擀麵棍或雙手將奶油塑成方形，比麵團的一半面積再小一點，放在麵團的半邊（圖2），邊界預留1cm。摺起邊緣、蓋過奶油（圖3），接著將未覆上的麵團摺到奶油上方，完全密閉（圖4）。

❺ 用擀麵棍橫向輕拍餅皮，形成整齊劃一的脊梁（圖5）。不要轉動餅皮，由內而外擀成12×36cm的漂亮長方形（圖6）。盡量維持兩邊和兩端平直，必要時可用抹刀輔助。

❻ 由下往上摺起三分之一麵團（圖7），接著由上往下摺起三分之一（圖8），形成包裹形狀。餅皮旋轉90°（圖9），接著再次用擀麵棍橫向輕拍餅皮，形成整齊劃一的脊梁。麵團由內向外擀成12×36cm的漂亮長方形。重複摺疊動作，但這次不要輕拍餅皮、形成脊梁。以保鮮膜包好，冷藏20分鐘。

❼ 重複動作兩次；擀開、轉向、擀開、靜置於冰箱中。這樣總共擀開、摺疊六次（注意：一開始將奶油包在麵團裡時，不算是擀開或摺疊）。冷藏20分鐘後使用。

❶ 用擀麵棍將麵團擀成長方形。

❷ 奶油放在麵團的半邊上面，邊界預留1cm。

❸ 摺起麵團邊緣、蓋過奶油。

 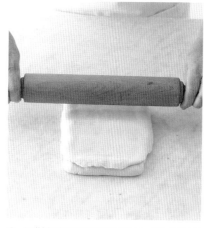 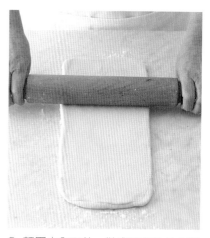

❹ 未覆上的麵團摺到奶油上方，完全密閉。

❺ 用擀麵棍橫向輕拍餅皮，形成整齊劃一的脊梁。

❻ 麵團由內而外，擀成漂亮的長方形。

  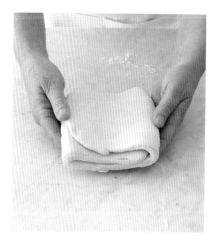

❼ 由下往上摺起三分之一的麵團。

❽ 由上往下摺起三分之一的麵團，變成包裹形狀。

❾ 餅皮旋轉90°。

起酥皮 Flaky Pastry

　　起酥皮與千層酥皮很像，只是沒有那麼精緻。起酥皮一般用於要求餅皮酥脆膨鬆的食譜（但又不到「正統」千層的鬆脆程度），例如：肉餡餅、肉派、香腸捲、奶油牛角捲和水果飛碟餡餅。麵團外皮（detrempe，一開始做成的麵團混合物）抹上大塊、大塊的奶油，藉由重複的擀開與轉向步驟，將奶油層層堆疊於麵團外皮中。奶油拌入之前，麵團外皮必須先經過充分靜置，否則餅皮成品會很硬。另一個重點是，不要延展麵團外皮，否則餅皮烘烤後會縮水。倘若餅皮在擀開時變得太軟，或者奶油開始滲出，可將餅皮冰進冰箱，讓奶油稍微凝固。食譜若指示須靜置餅皮，務必照做，以保持餅皮的柔軟度，即使烘烤後也不會縮水。

| 準備時間：45分鐘（＋冷藏1小時10分鐘） | 份量：約550g |

材料

＊225g（1½杯）中筋麵粉，過篩

＊少許鹽

＊170g冰過的無鹽奶油，切塊

＊約90ml冰水

做法

❶ 在大型攪拌盆中混合麵粉和鹽。手心朝上，用指尖搓入一半的奶油，搓到呈麵包屑狀；搓揉時手舉高，以便搓進空氣。撒點水，接著用平刃刀以切割的動作混合材料，直到形成粗糙麵團。用手輕揉麵團，必要時多加一些水，揉至麵團變得結實柔軟而不黏手（圖1）。

❷ 麵團塑成厚2cm的長方形，用保鮮膜包好，靜置冷藏30分鐘。

❸ 麵團倒在撒有薄粉的工作檯上，用擀麵棍由內而外、擀成12×36cm的長方形（圖2）。剩餘的一半奶油均勻放在三分之二的麵團上（圖3），接著用抹刀抹開，邊界預留2cm，剩下三分之一麵團不抹奶油。摺起未抹奶油的三分之一麵團（圖4）。摺起有抹奶油的麵團（圖5），形成包裹形狀（圖6）。餅皮旋轉90°（圖7），接著用擀麵棍輕輕壓實麵團邊緣（圖8）。

❹ 麵團由內而外擀成12×36cm的漂亮長方形。重複一次摺疊、轉向、壓實邊緣的動作。麵團以保鮮膜包好，放進冰箱靜置冷藏20分鐘。

❺ 麵團由內而外擀成12×36cm的漂亮長方形。剩餘的奶油均勻撒在三分之二的麵團上，接著和前面一樣抹開。重複摺疊、轉向、壓實邊緣的動作，接著再次擀開，然後再次重複摺疊、轉向、壓實的動作。以保鮮膜包好，冷藏20分鐘後使用。

❶ 麵團應結實、柔軟而不黏手。

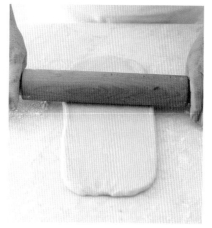

❷ 用擀麵棍將麵團擀成長方形。

❸ 剩餘的一半奶油均勻排列在三分之二的麵團上。

❹ 摺起未抹奶油的三分之一麵團。

❺ 摺起剩下有抹奶油的麵團。

❻ 餅皮會形成漂亮的包裹形狀。

❼ 餅皮旋轉90°。

❽ 用擀麵棍壓實麵團邊緣，緊密接合。

速成千層酥皮 Rough Puff Pastry

　　速成千層酥皮基本上就是千層酥皮的懶人版。將大塊奶油扔進麵團裡，接著擀開、摺疊麵團，使奶油分散於麵團中。這種做法會讓麵團隨意形成層次，因此麵團經烘烤後，會膨脹成原先厚度的兩倍左右，遠不及正宗千層酥皮，而且也膨得不均勻。雖然外表不如千層酥皮美觀，速成千層酥皮仍相當適合用來鋪在派的上方，或是製作香腸捲等餡餅。時間有限的時候，這是很好的替代方案。

| 準備時間：30分鐘（＋冷藏1小時）| 份量：約550g |

材料
* 250g（1⅔杯）中筋麵粉，過篩
* 少許鹽
* 150g無鹽奶油，切成1cm小塊，稍微軟化
* 約100ml冰水

做法

① 在大型攪拌盆中混合麵粉和鹽。加入奶油，裹上麵粉。撒點水，接著使用平刃刀以切割的動作拌勻材料，直到形成粗糙麵團（圖1）。用手輕揉麵團，必要時多加一些水，揉到麵團變得柔軟而不黏手（圖2）。

② 麵團塑成10×15cm、厚2cm的長方形（圖3）。以保鮮膜包好，冷藏20分鐘。不要冰太久，否則奶油會太硬，一旦進行擀開、摺疊的動作時，餅皮就會裂開。

③ 麵團倒在撒有少許麵粉的工作檯上，用擀麵棍由內而外將麵團擀成12×36cm的長方形（圖4）。用擀麵棍橫向輕拍餅皮，形成整齊劃一的脊梁（圖5）。必要時可使用抹刀弄平邊緣（圖6）。

④ 由下往上摺起三分之一的麵團（圖7），接著由上往下摺起三分之一（圖8），形成包裹形狀。餅皮旋轉90°（圖9），接著再次用擀麵棍橫向輕拍餅皮，形成整齊劃一的脊梁。麵團由內而外擀成12×36cm的漂亮長方形。重複摺疊動作，但這次不要輕拍餅皮、形成脊梁。以保鮮膜包好，冷藏20分鐘。

⑤ 重複動作一次；擀開、摺疊、轉向，再擀開，摺疊、靜置於冰箱中。這樣總共擀開、摺疊四次。冷藏20分鐘再使用。

❶ 用平刃刀以切割的動作混合材料，直到形成一塊粗糙麵團。

❷ 用手輕揉麵團，直到麵團變得柔軟而不黏手。

❸ 麵團塑成10×15cm的長方形。

❹ 由內向外將麵團擀成12×36cm的長方形。

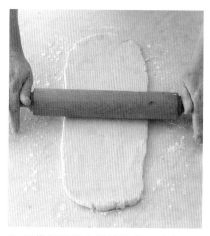

❺ 用擀麵棍橫向輕拍餅皮，形成整齊劃一的脊梁。

❻ 必要時可用抹刀弄平邊緣。

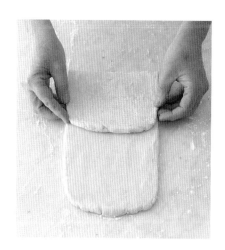

❼ 由下往上摺起三分之一的麵團。

❽ 由上往下摺起三分之一的麵團，形成包裹形狀。

❾ 餅皮旋轉90°。

發酵千層酥皮 Leavend Puff Pastry

　　如果能成功制霸這種餅皮，肯定讓人心花怒放，因為成品效果極優。這種餅皮的挑戰性和千層酥皮差不多；將麵團擀開、轉向，讓奶油和麵團外皮形成層次的技巧，其實一模一樣，只是這種餅皮額外加了酵母，因此需要發酵時間。完成的餅皮酥脆易碎、充滿奶香，適合製作可頌。可頌意為「新月」，常令人聯想到法國，但其實源自奧地利，於十九世紀引進法國後，大受歡迎。1970年代因為工業製造技術進步，可頌在世界各地都蔚為風潮。只不過就像許多食物一樣，手工製作的可頌品質優良許多。

| 準備時間：55分鐘（＋醒麵2.5～3小時和冷藏1.5小時）| 份量：約800g，可做10個可頌（參見P.318）|

材料

* 60ml（¼杯）溫水
* 9g（2½茶匙）乾酵母
* 250ml（1杯）溫牛奶
* 1茶匙糖
* 500g（3⅓杯）中筋麵粉
* 1茶匙鹽
* 310g無鹽奶油，稍微軟化，呈柔軟固體狀

做法

① 溫水倒入小型攪拌盆。撒上酵母，接著靜置6～7分鐘或至大量起泡。拌入牛奶和糖。

② 在大型攪拌盆中混合麵粉和鹽。手心朝上，用指尖搓入60g奶油，使麵團最終形成麵包屑狀；搓揉時手舉高，以便搓進空氣。中央挖出一個大洞，加入牛奶攪拌，慢慢拌合乾性材料，直到形成柔軟、黏手的麵團。

③ 麵團倒在撒有薄粉的工作檯上，揉5分鐘或直到麵團滑順有彈性。放入稍微抹油的碗中，轉動麵團以充分裹油。用保鮮膜包住攪拌盆，靜置在溫暖而不通風的地方1.5～2小時，或待體積膨脹一倍（圖1）。

④ 捶擊麵團一下，排出空氣。再次封住攪拌盆口，靜置在溫暖而不通風的地方1小時。再次捶擊麵團（圖2）。麵團塑成厚長方形（圖3），以保鮮膜包好，冷藏30分鐘。

⑤ 麵團倒在撒有薄粉的工作檯上，用擀麵棍由內向外將麵團擀成16×32cm、厚8mm的長方形（圖4）。小心維持兩邊和兩端平直，必要時可用抹刀輔助。剩餘奶油均勻排列在三分之二的麵團上，接著用抹刀抹開（圖5），四周預留2cm寬，三分之一的麵團不抹奶油。

⑥ 摺起未抹奶油的三分之一麵團（圖6）。接著摺起剩下有抹奶油的麵團（圖7），形成包裹形狀。用手指壓實邊緣（圖8）。餅皮旋轉90°（圖9）。在撒有薄粉的工作檯上，小心地由內向外將麵團擀成16×32cm的漂亮長方形。重複摺疊動作，再次做出包裹形狀。以保鮮膜包好，冷藏30分鐘。

⑦ 重複動作一次：麵團放在撒有薄粉的工作檯上，摺疊那面朝左手邊，接著擀開、摺疊、轉向，然後再次擀開、摺疊。這樣總共擀開、摺疊四次。麵團以保鮮膜包好，冷藏30分鐘或是變硬為止，再行使用。

❶ 靜置麵團，直到體積膨脹一倍。

❷ 捶擊麵團。

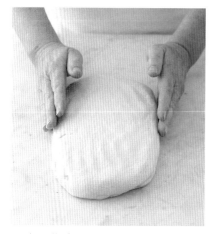

❸ 麵團塑成厚長方形。

❹ 麵團桿成16×32cm的長方形。

❺ 剩餘奶油抹在三分之二的麵團上。

❻ 摺起未抹奶油的三分之一麵團。

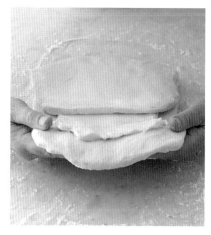

❼ 摺起剩下有抹奶油的麵團，形成包裹形狀。

❽ 用手壓實邊緣。

❾ 餅皮旋轉90°。

法式泡芙餅皮 Choux Pastry

　　法式泡芙餅皮的麵團由於經過煮熟的程序，在餡餅世界中可說是獨樹一格。據說，發明此餅皮的人是十六世紀替義大利籍法國王后凱薩琳‧德‧梅迪奇工作的廚師；大約兩百年後，極負盛名的餡餅師傅安東尼‧卡雷姆則用它來製作閃電泡芙和法式焦糖泡芙塔。法式泡芙餅皮並無添加膨鬆劑，而是藉著爐子上加熱所產生的蒸氣來使其膨脹。雖然做法不難，但想完美做出法式泡芙餅皮就必須留意以下關鍵因素：麵粉和奶油務必精準秤重；雞蛋務必慢慢加入，因為整體需要的量，會因麵粉的強度和吸收液體的速度而有所不同；此外，烘烤過程中千萬不可打開烤箱（不准偷看！）否則餅皮將無法好好膨脹。法式泡芙餅皮可用來製作閃電泡芙、小圓奶油泡芙、乳酪鹹味泡芙、巴黎花圈、法式炸甜甜圈和油炸餡餅。

| 準備時間：20分鐘 | 烹調時間：7分鐘 | 份量：約12個閃電泡芙或30個小圓奶油泡芙 |

材料

* ½茶匙鹽
* 1½茶匙細砂糖
* 125g中筋麵粉，過篩
* 60g無鹽奶油，切塊，置於常溫
* 3～4大顆蛋，稍微打過

做法

① 攪拌盆中混合鹽、糖和麵粉，放在旁邊備用。150ml的水和奶油倒入一中型平底鍋，慢慢煮滾；奶油應在滾沸之前便已融化（圖1）。

② 快速將平底鍋移開火源，一次加進所有的麵粉混合物後，用木匙快速攪拌均勻（圖2）。鍋子放回爐上，以小火烹煮，同時快速攪拌，持續1分鐘或直到混合物變得滑順濃稠，舀起時可從鍋側滑落（圖3）。切勿過度攪拌，否則餅皮無法好好膨脹。

③ 混合物移到裝有攪拌槳的直立式攪拌機碗中，靜置5分鐘或稍微放涼。逐一加入全蛋，不停打發，確定拌勻後，再加下一顆（圖4）。持續打發全蛋，直到混合物表面光滑、可從攪拌槳緩慢滴落（圖5）。用刮刀刮起混合物時，應呈現勾黏狀態（像一個倒三角形）（圖6）。不一定要用完所有的蛋。

④ 依照食譜指示，餅皮可以馬上烘烤，也可緊密包好、放入冰箱冷藏24小時之久。使用前先置於常溫。

Tip

想親手製作法式泡芙餅皮的話，請將麵團靜置鍋中直到變溫。接著，一邊慢慢加入全蛋（一次一顆），一邊用木匙持續打發，確定拌合均勻後再加下一顆。持續打發全蛋，直到混合物呈光滑狀、可從木匙緩慢滴落。若想製作兩倍量的法式泡芙餅皮，在加全蛋之前，混合物須放涼更久，因為量更多即表示熱能更難散逸，你可不希望全蛋加下去後卻煮熟了吧。靜置長達10分鐘，並在加入全蛋之後，打發2～3分鐘。

❶ 奶油應在混合物滾沸之前便已融化。

❷ 一次加進所有的麵粉混合物後，使用木匙快速拌勻。

❸ 一邊烹煮、一邊快速攪拌，直到混合物變得滑順濃稠，可從鍋側滑落。

❹ 慢慢加入全蛋，不停打發，確定攪拌均勻後再續加。

❺ 持續打發全蛋，直到混合物表面光滑，並可從攪拌槳緩慢滴落。

❻ 使用刮刀刮起混合物時，應呈勾黏狀態。

法式泡芙餅皮擠花・塑形

跟傳統餅皮不同，法式泡芙餅皮很好操作，因為這種餅皮一旦達到正確的濃稠度，在烤箱中就不會縮水或變硬。使用擠花袋來製作以法式泡芙餅皮為基底的食譜非常方便，因為擠花袋可擠出工整一致的形狀。由於這種餅皮的溫熱與濃稠性質，你需要準備一個尺寸適當又堅固耐用的擠花袋，各大廚房用品店都買得到。

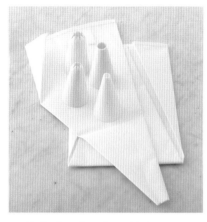

❶ 擠花嘴通常是塑膠製的，不是平緣就是鋸齒擠花嘴，具有各種尺寸。最好能準備各種不同的花嘴，以因應不同食譜的需求。

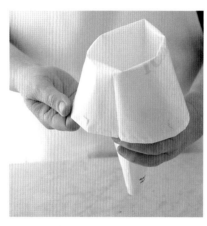

❷ 擠花嘴裝入擠花袋中，袋口向外翻摺。

❸ 用湯匙將法式泡芙餅皮舀進袋中，裝五分滿——不要裝太滿，否則麵團會從袋頂擠出。

❹ 輕輕扭轉並扭緊擠花袋上方，呈現飽滿的圓錐狀。用慣用的手緊緊抓牢擠花袋的扭轉位置，另一隻手輕握住擠花嘴，開始擠花。

❺ 緊握擠花袋，角度稍微傾斜，花嘴接近鋪好烘焙紙的烤盤上。緊握擠花袋的那一手輕輕施壓，使餅皮擠出花嘴，同時順順地移動袋子，擠出一條直線（用於閃電泡芙或巴黎花圈）。若是奶油泡芙，則將擠花嘴直直舉到烤盤上方，擠出小圓條。

❻ 擠花做完造型後，稍微往回擠在塑形完畢的餅皮上，以免末端呈尖頭狀。如果真的造成末端突出，可以手指沾水後輕輕壓平。如果你想擠出特殊的大小、形狀或長度，可用鉛筆在烘焙紙上做記號，接著翻到另一面，再進行擠花。預留約1cm的空隙使餅皮有空間延展。想做出偏自然質樸感覺的話，可用湯匙挖起餅皮，再用另一支湯匙刮下來，形成漂亮的一球。

如何使用薄酥皮 Using Filo Pastry

　　薄酥皮非常薄，需要專業知識和技術才有可能在家DIY。因此，市售薄酥皮比較適合用來家庭烘焙。薄酥皮很乾，總是鋪成多層烘烤，並在每片薄片中間塗抹大量的融化奶油。有一點很重要：請一次操作一張，並將其他薄片包在濕抹布或毛巾中，因為薄片一旦接觸空氣，就會快速變乾、易碎。薄酥皮分成冷藏和冷凍兩種，冷凍的版本比較脆弱，操作上可能較為困難。

❶ 薄酥皮整齊疊好，蓋上濕抹布，放在方便取得之處。

❷ 一張薄片放在工作檯上，整張刷上融化奶油。

❸ 對齊並小心地疊上另一張薄片，接著再整張刷上奶油。持續推疊、塗抹薄片，直到完成食譜要求的數量。

❹ 如果食譜要求將薄片層切成小碎塊，請用鋒利的大型刀。

麵包和餡餅術語說明 Bread and Pastry Definitions

筋｜麵粉中賦予麵包架構的蛋白質，即為筋。麵粉加水會形成筋，揉捏過後便形成筋脈。

麵包心｜用來指稱一條麵包乳白、蓬鬆、柔軟內層的術語，與「麵包屑」不同。＊

麵包皮｜麵包金黃、堅硬，有時帶點酥脆的外層部分。

麵團外皮｜製作多層餅皮（千層、起酥、速成千層等餅皮）時，麵粉、水與少量的油脂一開始會拌勻，形成一種堅韌的麵團，就叫麵團外皮。

多層餅皮｜奶油和麵團小心堆疊後，使成品具備酥脆膨鬆特性的餅皮，像是千層酥皮或起酥皮。經烘烤後，奶油的液態成分會變成蒸氣，使麵團膨鬆。將奶油擀開、摺疊進麵團當中的過程，叫做「擀壓成片」。

蛋液｜全蛋或蛋黃，混和少量的水或牛奶，持續打發至滑順後，即為蛋液。刷在生餅皮或麵包麵團表面，烘烤過後會呈現金黃光澤。

圓形烘焙紙｜直接放在蛋奶餡、卡士達或類似混合物表面的烘焙紙，避免形成薄膜。剪成剛好覆滿表面的大小，十分好用。可用保鮮膜替代。

油搓｜用指尖將奶油搓進乾性材料。成功搓進之後，混合物會呈現麵包屑狀（食譜會指明要精細或粗糙的麵包屑狀）。

揉擀｜在麵包麵團剛攪拌完畢後，用雙手大力揉捏麵團的動作，有助於建立筋脈。

發酵｜加有酵母的麵團在一開始經過靜置，體積（通常）增加兩倍的階段。

捶擊｜用拳頭重捶膨發的麵團，以排出空氣、使之消氣的動作。捶一下即可。

醒麵｜加入酵母的麵團在烘烤前，最終的發酵階段。

滑順有彈性｜麵包麵團經過恰當揉捏後，所呈現的觸感和外表。麵團理當滑順柔軟、毫不黏手，除非是食譜有特別指明麵團需稍具黏性。麵團應很有彈性，在表面戳洞後仍會恢復原狀。

靜置｜餅皮完成後，務必靜置一陣子，通常會放進冰箱冷藏。靜置可使先前形成的筋性鬆弛。麵團經過加水、擀開或過度操作，都有可能形成筋性。

壓邊｜密封餅皮邊緣、同時做出最後潤飾的技巧。可用叉子或手指做出壓邊（食譜會指定何種方式）。

擠花｜用一種裝入擠花嘴的特殊擠花袋，使麵團混合物形成整齊線條或形狀，就叫擠花。糖霜、法式泡芙餅皮（參見P.40）以及十字餐包上面的十字裝飾都需要擠花。

抹油｜可防止烘烤過程中食品黏住烤模或烤盤。油、軟化或融化的奶油都可使用，只要在烤模或烤盤上抹上薄薄一層即可。有時候，烤模在抹油後會稍微撒上麵粉。

上光｜替小餐包或餡餅抹上一層液體，增添表面的光澤。上光可以在烘烤前──以蛋黃和牛奶的混合物（蛋液）最為常見，打發蛋白或牛奶也算──或烘烤後進行，例如過篩後的溫杏桃醬或濃稠糖漿。

預熱｜在烘烤前，將爐溫加熱到指定溫度。經過適當預熱的烤箱，對於形成脆皮、膨脹麵包和派塔來說，是不可或缺的一道程序。

盲烤｜餡餅外殼的預烤（完全或部分烤熟）。餅皮會放入烤模中，接著在預烤前鋪上烘焙紙，裝滿烘焙石、乾燥豆子或生米，產生重量以防止餅皮底部膨脹、側邊倒塌。

＊譯註：麵包心的原文是crumb，為不可數名詞；麵包屑的原文也是crumb(s)，為可數名詞。

製作麵包的技巧 Bread Making Techniques

　　製作麵包並不難。如果你從未揉過麵團，請依循我們的指導，按部就班實地演練。等到第一條麵包大功告成之時，就代表你已經能順利掌握這項技巧了。發酵和醒麵只需做好前置準備——麵團自己就會完成這兩件事。捶擊的動作只需要「揍」一下麵團，並稍微揉一會兒即可。

擀揉

① 麵團放在撒有薄粉的工作檯上，塑成圓形。

② 一手握好麵團一端，另一手用掌腹牢牢壓下，由內向外擀揉。

③ 拉回麵團，轉四分之一圈，重複步驟1。持續擀揉麵團約10分鐘，或至滑順有彈性的狀態為止。用手指戳一下麵團，如能快速恢復原狀，便完成了。

發酵

① 麵團塑成球形，放入稍微抹油的碗中，以免沾黏。轉動麵團以充分裹油。攪拌盆加蓋保鮮膜或乾淨的濕抹布、毛巾，可保持麵團濕度，避免形成硬皮。靜置在溫暖不通風的地方（理想溫度約為30℃／86℉），讓麵團發酵。勿將麵團置於炎熱的環境中，企圖加速發酵過程，這樣麵團的風味會變差，而且高溫可能會破壞酵母作用。

② 麵團發酵完畢時，體積應增加一倍，用手指戳表面並不會恢復原狀。發酵通常要1小時，但每份食譜不盡相同。

捶擊

Tip

醒麵過後，豪華版麵包通常會再用蛋液或牛奶來上光，若是甜麵包還會撒上糖。有些鹹麵包則是撒上五穀雜糧、香料或乾燥香草。

❶ 醒麵之後，用拳頭捶麵團一下，排出空氣。稍微揉1分鐘或直到麵團呈滑順狀，排出任何在發酵過程中形成的氣泡，有助於成品質地地均勻。

❷ 如果食譜有指定其他材料，例如果乾，要在此時一同揉進去。麵團塑形——形狀不拘，可以放在烤盤或準備好的模具中。

醒麵

這個步驟是麵包在烘烤前的最終發酵階段，麵包一旦塑形完畢，便要馬上進行醒麵。在此階段，尚未烘烤的麵包條或麵包捲將會最終定型，不過送進烤箱後還會再膨脹一點。此次發酵通常不像第一次那麼久，因為筋性已經延展許多。

Note 關於麵包機

本書食譜皆以手工製作為主。麵包機的容量依品牌而不同，所以這些食譜未必適合用機器製作。你可以視情況修改食譜，先計算家中麵包機理想的麵粉用量，接著一一換算其他材料的正確比例後，便可用麵包機製作。此外，還須考量麵包機加入材料的特定順序，每份食譜不盡相同，所以製作方式也要隨之調整。

❶ 在醒麵的過程中，請用濕抹布、毛巾或保鮮膜蓋在麵團上，避免表面乾掉。

❷ 戳麵團時，倘若彈回一半左右，且觸感非常柔軟，就表示可以烘烤了。切勿過度醒麵，否則烘烤時會產生大洞，表皮也可能會塌陷。

堅果 Nuts

烘烤

許多使用堅果的甜點食譜，都會要求堅果必須事先烤過，如此不僅能增添風味，也可使口感酥脆。市面上可買到已「乾烤」過的堅果，不過自己在家烤杏仁、榛果、夏威夷果、胡桃及開心果，其實一點都不麻煩。

做法

● 烤箱預熱至180℃（350℉）。生堅果鋪在烤盤上，烤6～10分鐘，不時抖動烤盤，使其烘烤均勻，烤至堅果飄出香氣，呈淺金色。椰子也能循此法烘烤。

榛果去皮

烤完榛果後，必須去掉薄紙般的外皮，風味更佳。

做法

● 烤完之後，馬上用乾淨的抹布或毛巾包裹溫熱的榛果。用手掌搓揉，盡可能去掉外皮。打開抹布，用指尖剝掉殘留的鬆脫外皮。

製作堅果粉

杏仁粉和榛果粉可買現成的，也能自己在家輕鬆DIY。

做法

● 生堅果或烤堅果放在食物調理機的碗中。想磨出少量的話，用小型調理機較有效率。按下瞬間攪拌鍵，快速磨碎堅果，直到呈現均勻細小的麵包屑狀就能停止。小心不要過度研磨──堅果中的天然油脂會在研磨過程中釋放出來，一旦磨太久，堅果粉就會變成堅果脂了。

巧克力裝飾 Chocolate Decorations

巧克力削

Tip

牛奶巧克力的脂肪量較高，不如黑巧克力那麼易碎，因此比較適合製作巧克力削。黑巧克力製作巧克力削容易碎裂，但是非常適合用來製作巧克力捲和巧克力碎片（請參下方）。

❶ 用一張不沾烘焙紙拿取巧克力磚，讓雙手和巧克力之間隔道屏障，以免手的熱氣讓巧克力磚融化。

❷ 用削皮器削出巧克力削（刀片越寬、巧克力削越大）。用盤子或不沾烘焙紙盛裝，按食譜要求拿捏冷藏時間。或者，也可在食用前直接削在甜點上面。

巧克力捲和巧克力碎片

❶ 融化的巧克力倒在一個平坦堅硬的表面，烤盤或大理石檯面上皆可，接著用抹刀盡可能均勻地快速鋪平，約同厚紙板的厚度即可。如果巧克力太厚，就無法捲起。靜置巧克力，直到幾乎凝固的狀態。

❷ 雙手握住一把大型利刀，刀片朝外、呈45°角，慢慢沿巧克力推開，形成薄捲。也可用金屬刮刀取代。如果巧克力太熱、不夠凝固，就會黏在刀子或刮刀上。

❸ 巧克力捲放涼變硬後，即為巧克力碎片。如果推開前巧克力變得太硬，可將刀子沾熱水，使用前擦乾即可。

焦糖 Caramel

在很多甜點中，焦糖都被當作基底使用，如香濃的焦糖醬、酥脆的果仁糖等，還能為水果裏上一層又脆又甜的外衣。依循下列詳細圖解步驟，就能做出完美的焦糖，一次上手，絕不失手。

製作焦糖

① 糖和水（比例通常為4：1）放進小平底鍋中，以中火攪拌直至糖溶解。糖完全溶解前，請勿煮沸，否則會結晶化。

② 用一把沾水的麵團刷塗抹鍋壁，這個動作可以移除鍋面形成的晶體。如果留下晶體不管，之後可能導致混合物結晶化。

③ 稍微將火轉大，煮到沸騰。糖漿沸騰時，切記不要攪拌，因為在此階段攪拌也可能造成混合物結晶化。

④ 讓混合物持續滾沸，不時用麵團刷塗抹鍋壁，以免晶體形成，直到糖漿轉為焦糖色。繼續煮糖，將平底鍋搖一、兩次，直到焦糖均勻上色。

⑤ 密切觀察糖漿，因為這個階段很快就會變色。煮好的焦糖應為深焦糖色——顏色越深、焦糖味道越濃。

⑥ 待焦糖達到想要的顏色時，平底鍋馬上離火，放在水槽或一大碗冷水中，中止煮糖的過程。等焦糖表面的泡泡消失後，立刻依食譜指示使用。

製作果仁糖

果仁糖通常是用等量的堅果（如杏仁或榛果）和糖製成。堅果烤過後，帶出的最終風味會比生堅果更佳。一般都是將果仁糖用食物調理機攪打成細屑，不過也可大略切塊或扳成碎片。

❶ 烤盤刷上一些油或鋪上不沾烘焙紙。堅果鋪一層於烤盤，稍微聚在一起即可。

❷ 依左頁指示製作焦糖。待泡泡消失後，將焦糖倒在堅果上。靜置到焦糖冷卻凝固，接著將果仁糖掰成小塊。

❸ 果仁糖放進食物調理機中（最好一次放一小堆），按下瞬間攪打鍵，直至混合物達到想要的濃稠度。依食譜指示使用。

為水果裹上焦糖

這個以莓果、櫻桃、葡萄或水果切片來裝飾甜點的方式，十分簡單有效。
也可以直接作為孩子的小點心，十分討喜。

● 依左頁指示製作淺色焦糖。最好先拔掉水果的蒂頭（尤其是葡萄類的水果）。可使用串針或叉子固定水果，方便沾取。一次一個，將水果沾進焦糖液。讓多餘的焦糖液流乾，接著放在一個稍微抹油的烤架，冷卻凝固。

Tip

製作焦糖時要格外小心，因為糖的濃縮混合物可達到極高溫，一不小心就可能造成嚴重灼傷。拿取鍋子及煮糖時都必須時時緊盯爐火與鍋子，千萬別讓孩童靠近。

柑橘類水果 Citrus

製作糖漬柑橘皮

用糖漬柑橘皮來裝飾甜點，是一種兼具美觀與美味的手法，柳橙、檸檬和萊姆的皮都可使用。製作過程約一小時多，材料只有果皮、糖和水。

① 水果洗乾淨，用削皮器削出長條果皮。

② 用小型利刀切除任何殘留在表皮上的白色襯皮。

③ 果皮可以保留寬條形狀，或是用刀切成長條細絲（每條寬度盡量一致）。

④ 果皮放入一鍋滾水中，煮2分鐘（此步驟可去掉殘餘的苦味）。使用帶孔湯勺取出果皮瀝乾。

⑤ 在一個小平底鍋中裝入等量的糖與水，以小火攪拌直到糖溶解。稍微煮滾，加入果皮，煨煮10分鐘或直到混合物變糖漿、果皮透明。

⑥ 用叉子從糖水中取出果皮，放在冷卻架上。靜置在常溫下約1小時，瀝出水分並稍微風乾。依個人需求使用果皮。糖漬柑橘皮放入保鮮盒、置於陰涼乾燥處，可保存兩天。

切瓣

柑橘類水果用於水果沙拉和甜點時，有時會需要切瓣。以下技巧十分容易掌握，而且成效頗佳。

❶ 使用小型利刀切除水果的表皮和襯皮。

❷ 刀子切入果瓣的邊緣，盡可能切在區分果瓣的膜上面。

❸ 切入果瓣的另一邊，取出放一旁備用。剩下的果瓣皆比照辦理，直到切完為止。

削皮

柑橘類水果的削皮方法很多，取決於食譜上使用果皮的方式。注意，只要削下果皮的最外層即可，這樣才不會削到任何帶有苦味的白色襯皮。

● 研磨箱和Microplane刨刀上的細齒孔目可以削出極細、幾近粉末狀的果皮。為了避免果皮卡在孔中，可在研磨前以不沾烘焙紙包住研磨器。

● 研磨箱和Microplane刨刀上的細絲孔目一般往用來削硬質乳酪，但是用來削柑橘類水果的果皮也很有效。

● 削果皮器可削出又長又細的柑橘類水果果皮，非常適合用來裝飾。

準備和貯存帶核水果
Preparing and Storing Stone Fruit and Berries

　　為帶核水果去皮，就像替番茄去皮一樣。切勿將水果放在熱水中超過一分鐘，否則水果會開始煮熟、軟化。泡過熱水後，立刻將水果丟進冰水中，可避免果肉軟爛，同時也方便去皮。

帶核水果如何去皮

❶ 又硬又熟的水果最適合去皮。用小型利刀在每顆水果的底部劃出淺十字，接著放進隔熱碗中。

❷ 在碗裡倒進足量的滾水，蓋過水果，接著靜置1分鐘。

❸ 瀝乾水分，將水果放入一碗冰水1分鐘。水果泡在冰水中時，果皮會因此鬆弛。

❹ 從十字形往蒂頭方向，撕下果皮。

Tip

「黏核型」與「離核型」這些術語，是用來描述果核是否緊黏住果肉。如果想切出整齊漂亮的切片，離核型水果是最佳選擇。如果你不確定是哪一種，可以詢問水果店老闆。

糖霜水果

藍莓、小顆草莓、紅醋栗和覆盆子這類的水果沾上糖霜或焦糖（參見P.51）之後，十分適合用來裝飾甜點。

Tip
用保鮮盒裝好冰在冰箱裡，
可存放一天。

❶ 一顆蛋白稍微打過。一次一顆，用叉子將水果沾上蛋白，並瀝乾過多的蛋白。

❷ 水果放進一盤細砂糖中滾動，稍微裹糖，接著移到冷卻架上晾乾。

貯存莓果

所有莓果都容易腐爛，最好盡快食用。如需保存的話，提供你一個最好的方法。

做法

● 請先揀選莓果，挑掉腐爛的果實。剩下的莓果在墊有雙層紙巾的烤盤或盤子上平鋪一層。稍微用保鮮膜覆蓋，放進冰箱冷藏。莓果在存放前不可清洗，因為水會加速腐壞。必要時，可在使用前短暫沖洗，並用紙巾擦乾。

冷凍莓果

草莓、覆盆子、黑莓、藍莓、桑葚、醋栗（紅、黑、白三色）、波森莓及洛甘莓都很適合冷凍。

做法

● 在抗凍烤盤上鋪一層新鮮莓果，不要覆蓋任何物品，放入冰箱冷凍。之後放進保鮮盒或冷凍保鮮袋後，放回冰箱繼續冷凍。冷凍莓果可以保存長達十二個月。依食譜指示，不解凍直接使用，或解凍後再用。解凍方式為鋪一層莓果在墊有數層紙巾的烤盤上，放在冰箱冷藏室一晚或至解凍完畢。

Biscuits, Meringues & Slices

Part 2
餅乾、蛋白霜和薄片

Gingernuts

薑味餅乾

這款美味的餅乾在許多國家都很受歡迎,因而衍生出多種食譜版本。這份食譜可以做出卡滋卡滋的酥脆餅乾,薑味濃烈,非常適合泡在茶或咖啡裡食用。

〜〜〜〜〜〜〜〜〜〜〜〜〜〜〜〜〜〜〜〜〜〜〜〜〜〜〜

|份量:約35片|準備時間:15分鐘|烹調時間:15分鐘|

材料

＊300g(2杯)中筋麵粉

＊½茶匙小蘇打

＊1湯匙薑粉

＊½茶匙綜合辛香料＊

＊220g(1杯,壓實)紅糖

＊125g冰過的無鹽奶油,切塊

＊60ml(¼杯)滾水

＊1湯匙金黃糖漿

做法

❶ 烤箱預熱至180℃(350℉)。兩個大型烤盤上鋪好不沾烘焙紙。

❷ 麵粉、小蘇打、薑粉和綜合辛香料過篩到大型攪拌盆裡。拌入紅糖。倒入奶油,用指尖將奶油搓進材料裡,直到形成麵包屑般的粉末狀(圖1)。

❸ 水和金黃糖漿一起攪拌調勻,倒入麵粉中。用平刃刀拌成一塊柔軟麵團(圖2)。

❹ 2茶匙麵團揉成球狀,放在烤盤上。剩下的麵團比照辦理。每球之間預留5cm的膨脹空間。用玻璃杯的底部稍微壓平(圖3)。

❺ 烘烤15分鐘,或烤到表面金黃、完全熟透;中途交換烤盤位置。留在烤盤上10分鐘,接著移到冷卻架上完全放涼。

Tip

◆ 這款餅乾塗上糖霜的話,會更加討喜。60g(½杯)過篩糖粉、10g融化奶油和2～3茶匙檸檬汁一起調勻,抹在放涼後的餅乾上。

◆ 放入保鮮盒,可保存一星期。

＊譯註:美國人製作南瓜派時常用的辛香料,通常會包含荳蔻、丁香、薑、眾香子和肉桂。

Greek Almond Crescents

希臘杏仁新月餅乾

這款餅乾加了杏仁和肉桂調味，香氣濃郁、層次豐富。傳統上大多做成新月形狀，不過也可依個人喜好，將麵團搓成球狀，於烘烤前稍微壓平。

| 份量：約38片 | 準備時間：20分鐘 | 烹調時間：20分鐘 |

材料

＊200g奶油，稍微軟化

＊125g（1杯）糖粉，過篩；另準備適量，撒在餅乾上

＊1茶匙柳橙皮末

＊1顆蛋，常溫

＊1顆蛋黃

＊1湯匙白蘭地

＊375g（2½杯）中筋麵粉

＊1½茶匙泡打粉

＊1茶匙肉桂粉

＊155g（1杯）去皮杏仁，烘烤（參見Tip）過後，切碎

做法

❶ 烤箱預熱至160℃（315℉）。兩個大型烤盤上鋪好不沾烘焙紙。

❷ 奶油、糖粉和柳橙皮末倒入小型攪拌盆裡，用電動攪拌機打發至泛白乳化。倒入全蛋、蛋黃和白蘭地，持續打發至拌勻為止。

❸ 倒入大型攪拌盆裡。過篩麵粉、泡打粉和肉桂粉，拌入杏仁。倒入大型攪拌盆裡，用木匙拌勻（圖1）。

❹ 1湯匙平匙麵團捏成新月狀，放在烤盤上。每片之間預留3cm的膨脹空間（圖2）。

❺ 烘烤15～20分鐘，或烤到表面淺金、完全熟透；烘烤10分鐘左右後，交換烤盤位置。留在烤盤上5分鐘，接著移到冷卻架上。趁熱撒上厚厚一層糖粉（圖3），接著放涼至常溫。

Tip

◆ 杏仁鋪在烤盤上，放入預熱至180℃（350℉）的烤箱中，烘烤8分鐘，或待色澤轉為淺金。留在烤盤上放涼。

◆ 食用前，再撒上一層糖粉。

◆ 放入保鮮盒，可存放一星期。

Almond Biscotti

義大利杏仁硬脆餅

硬脆餅的義大利原文biscotti意為「烘烤兩次」，而這正是賦予這種餅乾硬脆特色的原因。酥脆的口感非常適合沾上咖啡、濃茶等熱飲食用。這款餅乾最早是做為古羅馬士兵的持久乾糧，經過悠久歷史，現已成為咖啡廳和餐廳的常駐點心。

| 份量：約60片 | 準備時間：20分鐘（＋放涼45分鐘） | 烹調時間：45分鐘 |

材料
＊250g（1⅔杯）中筋麵粉 ＊¼茶匙小蘇打 ＊2顆蛋，常溫
＊220g（1杯）細砂糖 ＊1茶匙天然香草精 ＊200g去皮杏仁

做法

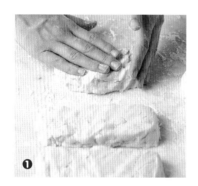

❶ 烤箱預熱至180℃（350℉）。兩個大型烤盤上鋪好不沾烘焙紙。

❷ 過篩麵粉和小蘇打。蛋、砂糖和香草精，用電動攪拌機中速打發5～6分鐘，或至濃稠泛白為止。倒入麵粉，低速打發至剛好拌勻、變成一塊柔軟麵團。用木匙拌入杏仁。

❸ 麵團倒在撒有薄粉的工作檯上，均分成四等份。雙手稍微抹粉，每份麵團塑成長度約12cm的長條（圖1）。

❹ 長條放入烤盤，每條之間預留7cm。用雙手稍微壓平長條，寬約8cm（圖2）。

❺ 烘烤25分鐘，或至表面淺金、觸感變硬；中途交換烤盤位置。留在烤盤上放涼45分鐘。

❻ 爐溫降至130℃（250℉）。長條放在切菜板上，用銳利的鋸齒刀斜切成厚8mm的片狀（圖3）。放回烤盤，烘烤20分鐘，或表面呈淺金色；中途交換烤盤位置。留在烤盤上5分鐘，接著移到冷卻架上完全放涼。

變化版

開心果蔓越莓硬脆餅
以100g（¾杯）的開心果和100g的蔓越莓乾取代杏仁。

咖啡榛果硬脆餅
2茶匙即溶咖啡顆粒和1½茶匙滾水一起調勻、放涼，用以取代香草精；200g的榛果以180℃（350℉）烘烤10分鐘，趁熱拿抹布或毛巾搓掉外皮，用以取代杏仁（放涼後再拌入）

Tip
◆ 這份食譜最好不要使用深色或不沾烤盤，否則會過度上色。
◆ 放入保鮮盒，可保存三星期。

香草餅乾

每位廚師都該有一份這樣的食譜——零失敗、簡單、快速又好改造。你也可以客製化這份食譜,創造自己喜愛的口味,並選用各種材料來增添風味或口感。請試試我們的變化版本,讓不同的創意激發你的想像,打造自己專屬的香草餅乾食譜。

| 份量:約24片 | 準備時間:15分鐘 | 烹調時間:18分鐘 |

材料

＊125g奶油,軟化　＊110g(½杯)細砂糖　＊1茶匙天然香草精
＊60ml(¼杯)牛奶　＊150g(1杯)中筋麵粉　＊110g(¾杯)自發麵粉

做法

① 烤箱預熱至180℃(350℉)。兩個烤盤上鋪好不沾烘焙紙。

② 奶油、砂糖和香草精倒入中型攪拌盆裡,用電動攪拌機打發至泛白乳化。倒入牛奶打發均勻。

③ 過篩兩種麵粉。倒入奶油中,低速打發至糖霜變得滑順、材料拌勻為止(圖1)。

④ 1湯匙平匙麵團揉成球狀(圖2),放在烤盤上。每球之間預留5cm的膨脹空間。用指尖稍微壓平,再用叉子壓出十字圖案(圖3)。餅乾直徑為5cm左右。

⑤ 烘烤15~18分鐘,或表面呈淺金色、完全熟透;烘烤10分鐘後須交換烤盤位置。留在烤盤上3分鐘,接著移到冷卻架完全放涼。

變化版

巧克力餅乾

多加2茶匙的牛奶,以40g(⅓杯)的無糖可可粉取代75g(½杯)的中筋麵粉。用指尖壓平,但不要用叉子壓。烤熟且冷卻的餅乾浸入融化的白巧克力,裹上每片餅乾的半面。接著放在鋪有不沾烘焙紙的烤盤上放涼。再將餅乾浸入融化的牛奶巧克力中,裹上沾有白巧克力那面的四分之一以及尚未沾巧克力那面的四分之一。放在烤盤上靜置。

柑橘餅乾

以2茶匙的柳橙或檸檬皮末取代香草精。用玻璃杯底部壓平,但不要用叉子壓。250g(2杯)的純糖粉、20g的軟化奶油和1湯匙的檸檬汁或柳橙汁倒入小型攪拌盆裡拌勻。柑橘糖霜抹上冷卻過的餅乾,以柳橙或檸檬皮末裝飾。

堅果餅乾

倒入麵粉前,先將60g(½杯)的核桃或胡桃碎塊倒入奶油中。在每塊餅乾上壓下一整顆堅果,不要用指尖壓平,也不要用叉子壓。

巧克力碎片餅乾

100g(⅝杯)的黑巧克力碎塊和兩種麵粉一起拌入。用指尖壓平,不要用叉子壓。

Tip

◆ 放入保鮮盒,可保存兩星期。

Vanilla Biscuits

如何「妝點」餅乾 Decorative Finishes

打扮漂亮並非蛋糕的特權，不論哪一種烘焙成品，都能利用可口誘人的頂飾和夾餡來妝點增色。試試以下這些簡單的裝飾方法，就連餅乾也能昇華到更高的層次。

糖粉

若要裝飾基本款餅乾，最簡單的方法就是撒上一層篩過的糖粉。用細網篩為烤好且放涼的餅乾撒上糖粉；用量多寡，端看你想達到什麼樣的效果。在糖霜餅乾上輕輕撒一層糖粉，效果也很好。

裹巧克力

黑巧克力、牛奶巧克力或白巧克力塊放進一個小隔熱碗，再置於裝有熱水的平底鍋上方（請勿讓碗底碰到熱水）。接著，攪拌至巧克力塊完全融化。烤好且放涼的餅乾放進滑順的巧克力醬，沾上半面即可。或者，你也可以半面沾一種巧克力、半面沾另一種巧克力。如果你希望整塊餅乾都沾同一種巧克力，請用兩隻叉子（請參P.82）。餅乾擺在一隻叉子上，沾入巧克力之後，叉子輕靠碗緣，瀝掉多餘的巧克力。接著，用另一隻叉子將餅乾輕推到烤盤上，靜置於陰涼處；別忘了，烤盤要先鋪上不沾烘焙紙。

淋巧克力

使用上述方法，在小型攪拌盆中融化巧克力。稍微放涼之後，裝入擠花袋或夾鏈袋。若使用擠花袋，請選用平齒的小花嘴；若使用夾鏈袋，請在一角剪出小洞。巧克力淋在烤好且放涼的餅乾上，畫出想要的圖樣。你也可以一袋裝入黑巧克力、一袋裝入白巧克力，在餅乾上淋出雙色線條。

糖霜

糖霜有各種不同的濃稠度、質地和口味。P.22的糖衣非常適合用來裝飾餅乾。拿一把平刃刀或抹刀，將糖霜塗在烤好且放涼的餅乾上。或者，你也可以用擠花袋，搭配平齒或星形的小花嘴，淋上糖霜；當然，在夾鏈袋的一角剪出小洞，也不失為一個好工具。可依喜好，撒上整顆堅果仁、堅果碎粒、糖漬柑橘皮（請見下方）、柳橙皮末、椰粉、椰片或椰絲等，做為頂飾。

糖漬柑橘皮

在糖霜餅乾上撒一些糖漬柑橘皮吧（參見P.52）。橙皮、檸檬皮、萊姆皮或綜合上述，都很適合；你也可以在糖霜裡加幾滴食用色素，讓顏色更漂亮。

夾餡

做好想要的夾餡，抹上半數烤好且放涼的餅乾，接著把剩下的餅乾一一蓋上去。你可以只用一種夾餡，像是奶油糖霜，也可使用兩種夾餡，如糖霜搭配果醬。若使用兩種夾餡，請一塊餅乾抹一種夾餡，最後再把兩塊餅乾夾起來。

椰子蛋白餅乾

這款椰子蛋白餅乾肯定會變成大家的最愛，因為口感酥脆有嚼勁，又能嘗到略帶焦香的椰子味。優點不只這些，還包括：不含麩質、材料不多，而且一次就能做出大量餅乾。我們也另外附上了傳統的蛋白杏仁餅乾食譜。

〜〜〜〜〜〜〜〜〜〜〜〜〜〜〜〜〜〜〜〜〜〜〜〜〜〜〜〜〜〜〜〜〜〜〜〜〜

| 份量：約35塊 | 準備時間：15分鐘 | 烹調時間：22分鐘 |

材料

＊3顆蛋白，常溫 ＊275g（1¼杯）細砂糖 ＊2茶匙檸檬皮末
＊2湯匙玉米粉，過篩 ＊270g（3杯）椰子粉

做法

① 烤箱預熱至180℃（350℉）。兩個大型烤盤刷上融化奶油或食用油，鋪上不沾烘焙紙。

② 蛋白倒入乾淨無水的中型攪拌盆裡。用裝有打蛋器的電動攪拌機中速打發至乾性發泡。以一次1湯匙的方式慢慢倒入砂糖，每次倒入後都要打發均勻。持續打發到混合物呈濃稠光滑的狀態，且所有的糖都已溶解。倒入檸檬皮末，打發至剛好拌勻。

③ 用金屬大湯匙或刮刀，以切拌法分兩批拌入玉米粉和椰子粉，剛好拌勻即可（圖1）。

④ 挖出1湯匙（尖匙）混合物放在烤盤上。每球之間預留3cm（圖2）。烘烤20～22分鐘，或烤到表面呈淺金色。留在烤盤上5分鐘，接著移到冷卻架放涼（圖3）。

變化版

蛋白杏仁餅乾

120g杏仁粉、220g（1杯）細砂糖和2顆蛋白一起打發5分鐘。倒入1湯匙中筋麵粉和2茶匙天然香草精，打發至滑順。可依個人喜好，倒入2茶匙柳橙或檸檬皮末。按照上述步驟4烘烤。可做出15塊。

Tip

◇ 可依需求或喜好，蛋白餅乾放涼後淋上融化巧克力作為裝飾。
◇ 放入保鮮盒，可保存一星期。

Coconut Macaroons

Gingerbread People

薑餅人

這份食譜相當適合讓孩子們參與——他們可以為糖霜染上不同的顏色，運用想像力來「裝扮」小小薑餅人，甚至為薑餅人加上小棒棒糖當配件。

| 份量：約10片 | 準備時間：40分鐘（＋冷藏／放涼／靜置共2小時）| 烹調時間：12分鐘 |

材料

* 125g無鹽奶油，稍微軟化
* 75g（⅓杯，壓實）黑糖或紅糖
* 115g（⅓杯）金黃糖漿
* 1顆蛋，常溫，稍微打過
* 375g（2½杯）中筋麵粉
* 50g（1¾杯）自發麵粉
* 1湯匙薑粉
* 1茶匙小蘇打

糖霜

* 1顆蛋白，常溫
* ½茶匙檸檬汁
* 125g（1杯）純糖粉，過篩
* 各種食用色素，顏色自選

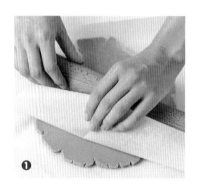
❶

❷

做法

❶ 烤箱預熱至180℃（350℉）。兩個大型烤盤上鋪好不沾烘焙紙。

❷ 奶油、紅糖和金黃糖漿倒入中型攪拌盆裡，用電動攪拌機打發至泛白乳化。倒入蛋，打發均勻。

❸ 兩種麵粉、薑粉和小蘇打在奶油上方進行過篩，用平刃刀刮至剛好拌勻。雙手沾粉，充分結合麵團。麵團倒在撒有麵粉的工作檯上，輕輕揉1分鐘或直到滑順。

❹ 麵團分成兩份，各自塑成圓盤。以保鮮膜包好，冷藏20～30分鐘，或至麵團稍微變硬。

❺ 圓盤放在兩張不沾烘焙紙中，均勻擀成厚度5mm（圖1）。放入烤盤，剩下的圓盤比照辦理。冷藏15分鐘，或者直到麵團硬度足以壓模。

❻ 用薑餅人壓模在麵團上壓出形狀（圖2），放在烤盤上，每片之間預留3cm的膨脹空間。重新擀開，去掉任何剩餘殘塊。烘烤12分鐘，或至表面淺金、完全熟透。留在烤盤上完全放涼。

❼ 開始製作糖霜，蛋白倒入乾燥的小型攪拌盆裡。用裝有打蛋器的電動攪拌機打發蛋白至充滿氣泡。加檸檬汁，慢慢打入糖粉，每次倒入後都要打發均勻至濃稠乳化。根據你想要的顏色種類，將糖霜分入數個小碗。以食用色素為每碗糖霜染色。糖霜舀入小型的擠花袋或夾鏈袋中，封住開口。剪去袋子尖端，接著在已放涼的餅乾上擠出臉孔和服裝（圖3）。靜置1小時或至糖霜凝固。

❸

Tip
放入保鮮盒，可保存一星期。

蘇格蘭奶油酥餅

| 份量：16片 | 準備時間：15分鐘（＋冷藏20分鐘）| 烹調時間：35分鐘 |

材料

＊250g奶油，稍微軟化

＊110g（½杯）細砂糖

＊335g（2¼杯）中筋麵粉

＊45g（¼杯）粘米粉

＊1湯匙糖，用來撒在酥餅上

做法

① 烤箱預熱至160℃（315℉）。用一個直徑20cm的圓形蛋糕模，在兩張不沾烘焙紙上各描出一個圓形（圖1），接著將烘焙紙翻面。

② 奶油和砂糖用電動攪拌機打發至泛白乳化。過篩兩種粉類。倒入奶油中，用平刃刀拌成一塊柔軟麵團。用手指頭靠攏麵團混合物，接著均分成兩等份，各自塑成圓盤，以保鮮膜包好，冷藏20分鐘。

③ 擀麵棍稍微抹粉，麵團放在烘焙紙上，順著描好的圓形擀開。修齊邊緣，用大拇指和食指捏出飾邊（圖2）。兩份圓形麵團連同底部的烘焙紙一起放在烤盤上。用利刀將麵團劃成八片，接著用叉子在表面戳洞（圖3），最後再撒上糖。

④ 烘烤35分鐘，或至表面淺金、完全熟透；中途交換烤盤位置。留在烤盤上放涼。切成八塊食用。

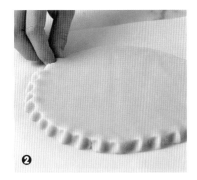

變化版

奶油酥餅

麵團夾在兩張不沾烘焙紙中間，擀成厚度1cm的長方形。拿尺測量，切成2×7cm大小。放在鋪有不沾烘焙紙的烤盤，每片之間預留2cm。拿叉子在餅乾表面戳洞，接著撒上糖。烘烤20～25分鐘，或至表面淺金、完全熟透。留在烤盤上5分鐘，接著移到冷卻架放涼。

Tip

放入保鮮盒，可保存一星期。

Scottish Shortbread

Digestive Biscuits

消化餅乾

又稱全麥餅乾，使用的麵團是以全麥麵粉和未加工過的麥麩做成，類似塔皮麵團。雖然名稱有「消化」二字，但並沒有幫助消化的特殊功效。可以單吃，也能搭配藍紋乳酪和蜂蜜一起食用，或是抹上、淋上巧克力醬，美味加倍。

| 份量：約25片 | 準備時間：35分鐘（＋冷藏1小時20分鐘） | 烹調時間：15分鐘 |

材料

* 125g奶油，軟化
* 60g（⅓杯，未壓實）紅糖
* 1湯匙麥芽精
* 1顆蛋，常溫，稍微打過
* 150g（1杯）中筋麵粉
* 150g（1杯）中筋全麥麵粉*
* 1茶匙泡打粉
* 35g（½杯）未加工過的麥麩

做法

① 奶油、紅糖和麥芽精倒入中型攪拌盆裡，用電動攪拌機打發至泛白乳化。倒入蛋，打發均勻。

② 兩種麵粉和泡打粉過篩到攪拌盆裡，再將無法篩進的麩皮倒回攪拌盆（圖1）。上述材料連同麥麩一起倒入奶油中，先用木匙、後用雙手拌勻，形成一塊柔軟麵團。靠攏麵團，再塑成圓盤，接著以保鮮膜包好，冷藏1小時，或至麵團硬度足以擀開。

③ 烤箱預熱至180℃（350℉）。兩個烤盤上鋪好不沾烘焙紙。

④ 一半的麵團置於兩張烘焙紙中，擀成厚度4mm（圖2）。用直徑7cm的壓模切出餅乾，放在烤盤上（圖3）。用叉子為每塊餅乾戳一次洞。剩下的麵團比照辦理，多餘的麵團也重複擀開使用。冷藏20分鐘到變硬為止。

⑤ 烘烤15分鐘，或至表面金黃、完全熟透。留在烤盤上5分鐘，接著移到冷卻架完全放涼。

*譯註：在美國，標示為wholemeal的全麥麵粉，是指使用整顆穀粒下去研磨而成的麵粉，也就是麵粉中必須保留完整的麩皮、胚芽和胚乳；在台灣，市面上的全麥麵粉通常就只是高筋麵粉加入小麥麩皮而已，與這份食譜所要求的純全麥麵粉有所差別，讀者在購買材料時請稍加注意。

Tip
放入保鮮盒，可存放兩星期。

Florentines

佛羅倫汀

光看名字會讓人以為這款餅乾發源自義大利，不過真正的發明者其實是奧地利的糕點師傅。佛羅倫汀完美結合堅果、果乾、蜂蜜、奶油和香料，最後再裹上巧克力外衣，嚼勁十足，叫人吃了還想再吃。此外，餅乾大小隨你喜愛，只要調整烘烤時間即可。

| 份量：約25片 | 準備時間：20分鐘（＋放涼和靜置） | 烹調時間：20分鐘 |

材料

＊190g（2杯）杏仁片 ＊260g蔓越莓乾或糖漬櫻桃

＊150g（1杯）綜合果皮（各種柑橘類水果的糖漬果皮）

＊75g（½杯）中筋麵粉，過篩 ＊½茶匙肉荳蔻粉

＊1顆柳橙的皮末 ＊260g（¾杯）蜂蜜

＊165g（¾杯）細砂糖 ＊30g無鹽奶油，切塊

＊330g 70%調溫黑巧克力，切小碎塊

做法

❶ 烤箱預熱至190℃（375℉）。兩個大型烤盤上鋪好不沾烘焙紙。

❷ 杏仁片、蔓越莓乾、綜合果皮、麵粉、肉荳蔻和柳橙皮末倒入大型攪拌盆裡，拌勻。

❸ 蜂蜜、砂糖和奶油倒入小型平底鍋中，以小火攪拌至材料融化、拌勻。轉中火加熱至115℃／239℉（以煮糖溫度計測量）（圖1）。倒入乾性材料，用木匙拌勻。

❹ 舀起一尖湯匙的混合物，排列在烤盤上，每片之間預留7cm（餅乾必須分兩批烤）。使用茶匙背面壓平混合物，變成直徑約7.5cm的圓形（圖2）；茶匙須常泡熱水，以防沾黏。烘烤8～10分鐘，或烤到杏仁變金黃色，且混合物稍稍起泡即可。留在烤盤上完全放涼。

❺ 巧克力倒入隔熱碗，放在裝有熱水的平底鍋上隔水加熱（勿讓碗底碰到熱水）。偶爾攪拌，待材料融化、變得滑順。靜置一旁，稍微放涼。佛羅倫汀翻面、平面朝上，接著抹上2茶匙的融化巧克力。可依喜好，待巧克力稍微凝固後，用叉子在上面畫出波浪狀（圖3）。冰進冰箱凝固。

Tip

◆ 放入不沾烘焙紙的保鮮盒內，可冷藏保存一星期。

◆ 食用前，先置於常溫15分鐘。

寶貝甜心

這款好看的餅乾適合當成可愛的禮物送人。草莓香料賦予餅乾淡淡果香;若要在形狀上做變化,可以使用其他形狀的壓模,只要準備一大一小的尺寸即可。

| 份量:約15片 | 準備時間:25分鐘 | 烹調時間:15分鐘 |

材料
* 125g奶油,軟化
* 85g(⅔杯)糖粉
* 1顆蛋,常溫
* 紅色食用色素
* 天然草莓香料(選用,參見Tip)
* ½茶匙天然香草精
* 335g(2¼杯)中筋麵粉

做法
① 烤箱預熱至180℃(350℉)。兩個烤盤上鋪好不沾烘焙紙。

② 奶油和糖粉倒入中型攪拌盆裡,用電動攪拌機打發至泛白乳化。倒入蛋,打發至拌勻為止。

③ 一半混合物倒入另一個攪拌盆裡。第一盆加入幾滴紅色食用色素和草莓香料,達到你希望的顏色和香味即可,接著攪拌均勻;另一盆加入香草精,同樣打發均勻。麵粉平均分到兩個攪拌盆中,先用平刃刀、後用雙手拌勻。此時,兩份柔軟的麵團形成了。

④ 每份麵團置於兩張不沾烘焙紙中,擀成4mm厚度(圖1)。用7cm的心形壓模,在每份麵團上切出形狀。每片之間預留3cm的膨脹空間,平均排列在烤盤上。用較小的心形壓模(約3.5cm)在大愛心中間切出小愛心(圖2)。使用抹刀或平刃刀為不同色的小愛心互換位置,做出雙色餅乾(圖3)。

⑤ 烘烤12~15分鐘,或表面變淺金色、完全熟透;烘烤8分鐘左右,交換烤盤位置。留在烤盤上5分鐘,接著移到冷卻架放涼。

Tip
◆ 超市通常都有販售草莓香料;可依個人喜好,改用玫瑰水,或是香草精份量加倍。
◆ 放入保鮮盒,可保存一星期。

Sweet Hearts

Parmesan Biscuits

帕瑪森乳酪餅乾

乳酪餅乾有很多種不同的版本，這款口感酥脆、奶油味濃厚，並帶有帕瑪森乳酪的辛辣風味。很適合用來搭配葡萄酒，也是送禮的最佳選擇之一。

| 份量：約26片 | 準備時間：20分鐘 | 烹調時間：12分鐘 |

材料

* 150g無鹽奶油，軟化
* 100g（1杯）帕瑪森乳酪末
* 35g（⅓杯，未壓實）切達乳酪絲
* 185g（1¼杯）中筋麵粉
* 25g（¼杯）帕瑪森乳酪末，撒在餅乾上
* ½茶匙甜紅椒粉（選用）
* 2茶匙芝麻籽（選用）

做法

1. 烤箱預熱至180℃（350℉）。兩個大型烤盤上鋪好不沾烘焙紙。

2. 奶油倒入中型攪拌盆裡，用電動攪拌機打發至泛白乳化。倒入兩種乳酪，打發均勻。倒入麵粉，用平刃刀以切割方式拌成一塊粗糙麵團（圖1）。倒在撒有薄粉的工作檯上，擠壓麵團，直到變柔滑為止。

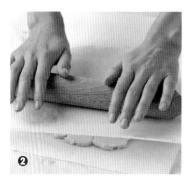

3. 麵團夾在兩張不沾烘焙紙中間，用擀麵棍擀成5mm厚度（圖2）。拿一個圓型壓模，稍微沾粉，切出餅乾形狀。每片之間預留5cm的膨脹空間，均勻排在烤盤上。請將剩餘麵團再次擀開、切出形狀。可依喜好，多加一點帕瑪森乳酪末，或是撒上一些甜紅椒粉和（或）芝麻籽（圖3）。

4. 烘烤12分鐘，或烤到表面金黃、完全熟透；中途交換烤盤位置。留在烤盤上完全放涼。

Tip

放入保鮮盒，可保存一星期。

雪球餅乾

這款極受歡迎的餅乾入口即化，搭配滑順的奶油糖霜夾餡，口感絕佳。你可以實驗不同口味的奶油糖霜（參見P.22），找出最符合自己喜好的味道。你也可以使用平緣擠花嘴，擠出一般的餅乾形狀。

| 份量：約20片 | 準備時間：30分鐘（＋放涼） | 烹調時間：12分鐘 |

材料

* 150g（1杯）中筋麵粉
* 40g（⅓杯）玉米粉
* 180g無鹽奶油，稍微軟化
* 40g（⅓杯）糖粉
* 1茶匙天然香草精
* 1份冰過的柑橘奶油糖霜（參見P.22），用純糖粉和柳橙皮末製成

做法

1. 烤箱預熱至180℃（350℉）。兩個大型烤盤上鋪好不沾烘焙紙。

2. 過篩兩種麵粉。奶油、糖粉和香草精倒入中型攪拌盆裡，用電動攪拌機打發至泛白乳化。倒入篩好的麵粉，低速打發至剛好拌勻；期間若有必要，可將邊緣的麵糊刮下來攪拌。

3. 擠花袋裝上1cm的鋸齒擠花嘴後，盛入麵糊。握好花嘴，在烤盤上方1cm處擠出直徑4cm的螺旋花紋，每片之間預留5cm（圖1）。

4. 烘烤12分鐘，或至表面變淺金色、完全熟透；中途交換烤盤位置。留在烤盤上5分鐘，接著移到冷卻架放涼（圖2）。

5. 餅乾放涼後抹上柑橘奶油糖霜，與另一片餅乾夾在一起（圖3）。剩下的餅乾和奶油糖霜比照辦理。

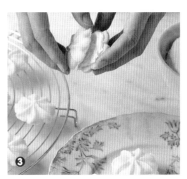

Tip

放入保鮮盒、置於常溫，可保存三天。

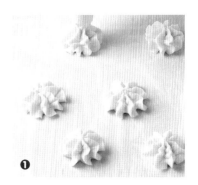

Melting Moments

Tuiles

瓦片餅乾

這款精緻餅乾做成弧形是為了模仿瓦片的形狀。想做出完美瓦片,首先麵糊必須抹成厚度一致的圓形,再來就是餅乾移開烤盤、進行塑形的速度要快。因此最聰明的作法是一次只烤幾塊就好,以免欲速而不達。

| 份量:20～25片 | 準備時間:25分鐘(＋冷藏1小時) | 烹調時間:一盤7～8分鐘 |

材料

* 110g奶油
* 125g(1杯)糖粉,過篩
* 3顆蛋白,常溫
* 110g(¾杯)中筋麵粉,過篩
* ½茶匙天然香草精
* 堅果(杏仁片、胡桃、核桃或夏威夷果的碎塊)及／或黑巧克力碎塊(選用)

做法

❶ 在一小平底鍋中以小火加熱奶油至剛好融化。移開火源,靜置5分鐘,稍微放涼。

❷ 糖粉倒入食物調理機中。倒入蛋白,攪拌至拌勻為止。倒入麵粉和香草精,攪拌一下子,直到變得滑順(圖1)。加入融化奶油,按下瞬間加速鍵,拌至剛好攪勻即可。倒入小型攪拌盆裡,蓋好並冷藏1小時,或至麵糊變冰即可。

❸ 烤箱預熱至170℃(325℉)。一個烤盤上鋪好不沾烘焙紙或烘焙墊。

❹ 拿小抹刀將麵糊塗抹於烤盤上,用茶匙背部抹成四個直徑9cm的圓形,或是5×12cm的長方形或橢圓形(圖2)。每份必須抹得非常薄且厚度一致,否則烤好時會不夠脆。如果有用到堅果和巧克力,只要在表面撒一點即可。

❺ 分批烘烤7～8分鐘,或烤到表面呈金黃色。預備兩根擀麵棍。烤好後,立刻拿抹刀將瓦片移到擀麵棍上,靜置放涼(圖3)。剩下的麵糊比照辦理。

Tip

◆ 未經烘烤的麵糊蓋好後,冰進冰箱裡,可保存一星期,想烤瓦片時再拿出來即可。
◆ 放入保鮮盒,可保存三天。

香草蛋白霜餅

| 份量：約14片 | 準備時間：15分鐘 | 烹調時間：1小時10分鐘 |

材料

＊2顆蛋白（參見Tip）
＊1條香草莢，縱向剖開、挖出種籽（參見Tip）
＊110g（½杯）細砂糖
＊1茶匙玉米粉

做法

1. 烤箱預熱至120℃（235℉）。兩個烤盤上鋪好不沾烘焙紙。

2. 蛋白和香草籽倒入乾淨無水的中型攪拌盆裡。用裝有打蛋器的電動攪拌機中速打發至濕性發泡。以一次1湯匙的方式（圖1）慢慢倒入砂糖，每次倒入後都要打發均勻。持續打發，直到糖全數溶解、蛋白霜變得濃稠光滑。接著，打入玉米粉。

3. 一尖湯匙蛋白霜倒在烤盤上，每坨之間預留3cm（圖2）。烤箱溫度降到100℃（200℉），烘烤1小時10分鐘，或至蛋白霜餅變得脆硬，且輕摸時有中空感即可（圖3）。關掉電源，箱門打開，讓蛋白霜餅在烤箱裡放涼。

變化版

玫瑰開心果蛋白霜餅
省去香草莢。加完糖後，打入3茶匙玫瑰水到蛋白霜中。烘烤前，於蛋白霜表面撒上2湯匙無鹽開心果碎末。

柳橙杏仁蛋白霜餅
省去香草莢。和糖一起拌入1茶匙柳橙皮末。打入糖後，以切拌法拌入2湯匙烤過的杏仁條。烘烤前，於蛋白霜表面撒上2湯匙的杏仁條。

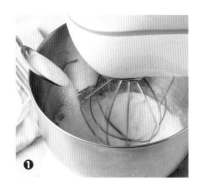

Tip

◆ 為了使蛋白打發至最大體積，請使用常溫的蛋白以及乾淨無水的攪拌盆打發。
◆ 可依個人喜好，用1茶匙天然香草精或½茶匙香草籽糊取代香草籽。
◆ 放入保鮮盒，可保存一星期。

Vanilla Meringues

Espresso Meringue Kisses

咖啡蛋白霜餅之吻

這款一口大小的甜點，結合了輕巧酥脆的咖啡口味蛋白霜與美味可口的巧克力甘納許夾餡，非常適合午後咖啡時光，或是當晚餐後的甜點。

| 份量：28顆 | 準備時間：20分鐘（＋放涼和冷藏30分鐘） | 烹調時間：30分鐘 |

材料
＊2茶匙即溶咖啡顆粒 ＊1湯匙滾水 ＊2顆蛋白，常溫
＊110g（½杯）細砂糖 ＊2茶匙玉米粉

巧克力甘納許
＊100g黑巧克力，切塊 ＊60ml（¼杯）動物性鮮奶油

做法
① 烤箱預熱至150℃（300℉）。兩個大型烤盤刷上融化奶油或食用油，接著鋪上不沾烘焙紙。

② 在滾水中溶解咖啡顆粒，靜置放涼。

③ 蛋白倒入乾淨無水的中型攪拌盆裡。用裝有打蛋器的電動攪拌機中速打發至濕性發泡。以一次1湯匙的方式慢慢倒入砂糖，每次倒入後都要打發均勻。持續打發，直到糖全數溶解，且蛋白霜變得濃稠光滑。打入玉米粉和放涼的咖啡，剛好拌勻即可（圖1）。

④ 擠花袋裝上1cm平緣擠花嘴後，盛入蛋白霜。握好花嘴，在烤盤上方1cm處擠出2cm大小的螺旋狀蛋白霜，每坨之間預留3cm的膨脹空間（圖2）。

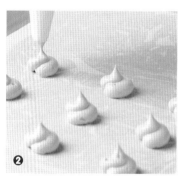

⑤ 烘烤30分鐘，或用手摸蛋白霜餅不濕潤即可；中途交換烤盤位置。關掉電源，箱門打開，讓蛋白霜餅在烤箱裡放涼。

⑥ 同時製作巧克力甘納許。巧克力和奶油倒入小型平底鍋中，以小火攪拌，待巧克力融化、滑順。倒入小型攪拌盆裡。冷藏30分鐘，或待甘納許變得濃稠但仍可抹開的程度即可；冷藏途中不時翻攪。

⑦ 蛋白霜餅放涼後，在底部抹上一些甘納許，與另一顆蛋白霜餅夾在一起。剩下的蛋白霜餅和甘納許比照辦理。

Tip
放入保鮮盒，置於陰涼乾燥處，可保存三天。

馬卡龍

| 份量：24顆 | 準備時間：35分鐘（＋靜置25分鐘、冷藏30分鐘和放涼）| 烹調時間：36～45分鐘 |

材料

＊125g（1¼杯）杏仁粉　＊215g（1¾杯）糖粉

＊3顆蛋白，常溫　＊55g（¼杯）細砂糖

＊1份奶油糖霜（參見P.22）或甘納許夾餡（參見下方）

做法

❶ 三個大型烤盤刷上融化奶油或食用油，接著鋪上不沾烘焙紙。

❷ 用食物調理機攪打杏仁粉和糖粉，至剛好拌勻即可。蛋白和糖粉倒入乾淨無水的中型攪拌盆裡。用裝有打蛋器的電動攪拌機中速打發至濃稠光滑。

❸ 在蛋白上方篩入杏仁粉，用金屬大湯匙或刮刀以切拌法拌勻，形成馬卡龍糊。在切拌過程中，馬卡龍糊會變得鬆弛。切拌到糊狀物緩慢掉落刮刀的程度，即是正確的質地（圖1）。

❹ 擠花袋裝上1cm平緣擠花嘴後，盛入馬卡龍糊。握好花嘴，在烤盤上方1cm處筆直擠出4cm的圓形，每個之間預留3cm的膨脹空間（圖2）。馬卡龍擠出後會稍微變軟、延展為4.5cm。尖端也會變軟，表面呈平坦光滑；表面如有凸起，沾濕手指、輕輕壓平。

❺ 靜置常溫下25分鐘，或至外殼形成。10分鐘後，烤箱預熱至140℃（275℉）。輕碰馬卡龍，確認形成薄薄一層外殼（圖3），即可準備進烤箱。如果天氣偏濕，可能得靜置更久。

❻ 一次一盤，烘烤12～15分鐘，或至堅硬外殼形成。靜置烤盤2分鐘，接著拿起一顆馬卡龍，看看底部是否烤熟（完全乾燥）；如果還有點黏，送回烤箱續烤2～3分鐘後，再確認一次。留在烤盤上完全放涼。

❼ 將大小相似的馬卡龍配成對。製作奶油糖霜（參見Tip）。擠花袋裝上1cm平緣擠花嘴後，盛入糖霜，先擠在一半馬卡龍的底部，再與另一顆馬卡龍夾在一起。冷藏30分鐘。食用前，先拿出冰箱、置於常溫退冰10分鐘。

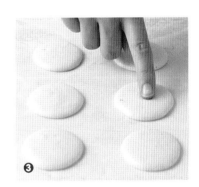

甘納許夾餡

黑巧克力甘納許

將100g切塊的70%黑巧克力和125ml（½杯）的鮮奶油以小火攪拌，待其融化、變得滑順。倒入攪拌盆裡，放涼至常溫，不時翻攪。冷藏20～30分鐘，偶爾翻攪，待濃稠度足以用擠花袋擠出即可。使用裝有7mm平緣花嘴的擠花袋，在馬卡龍上擠滿甘納許。

Tip

◆ 天氣溫暖時，你可能得先冷藏奶油糖霜15～30分鐘，方能使用。

◆ 欲製作巧克力口味的馬卡龍外殼，可以用1½湯匙篩過的優質無糖可可粉，與糖粉和杏仁粉一起在食物調理機中攪拌。

◆ 放入保鮮盒、冰在冰箱裡，可保存四天。常溫食用。

Macarons

Brownies

布朗尼

這款布朗尼不軟黏，稍微帶有蛋糕的口感，並散發著無比誘人的濃郁可可香氣。可以配茶喝，或是剛出爐熱騰騰時，搭配冰淇淋、巧克力醬一起食用，肯定令人心滿意足、吃而無憾。使用50～70%的優質黑巧克力做出的成品，效果最佳。若想來點不一樣的，可以試試我們的變化食譜，為這道傳統甜點大變身。

| 份量：約15塊 | 準備時間：15分鐘 | 烹調時間：30～35分鐘 |

材料

＊220g黑巧克力，切塊　＊90g無鹽奶油，切塊　＊4顆蛋，常溫
＊165g（¾杯）細砂糖　＊60g（¼杯，壓實）紅糖　＊1茶匙天然香草精
＊50g（⅓杯）中筋麵粉　＊2湯匙無糖可可粉，另準備適量，撒在蛋糕上

做法

1. 烤箱預熱至170℃（325℉）。18×28cm淺模底部及四邊都刷上融化奶油或食用油，接著底部和兩個長邊鋪上不沾烘焙紙，讓紙露出淺模外。

2. 巧克力和奶油倒入隔熱碗，放在裝有熱水的平底鍋上隔水加熱（勿讓碗底碰到水）。時時攪拌，待材料融化、變得滑順（圖1）。移開火源，靜置一旁。

3. 蛋、糖和香草精用電動攪拌機打發2分鐘，或至泛白、開始濃稠為止。用球型打蛋器打入熱巧克力（圖2）。篩入麵粉和可可粉（圖3），打發至剛好拌勻。

4. 布朗尼麵糊倒入淺模中，用湯匙背面抹平表面。烘烤25～30分鐘，或拿蛋糕測試針插入蛋糕中央，取出時沒有沾黏即可。連同模具移到冷卻架上放涼。

5. 多餘的可可粉撒在布朗尼上，食用時切成方形或長條。

變化版

覆盆子布朗尼

一半的布朗尼麵糊舀入淺模，均勻抹平。淋上100g新鮮或冷凍的覆盆子，再舀入剩下的麵糊，抹平表面。食用時撒上糖粉。

麥芽巧克力布朗尼

打發55g（½杯）麥芽乳粉、蛋、糖和香草。100g優質牛奶巧克力塊切成1cm大小，以切拌法拌入，接著倒入淺模。食用時撒上另外準備的麥芽乳粉。

Tip

放入鋪有不沾烘焙紙的保鮮盒，可保存五天。

巧克力焦糖薄片

這款薄片結合了酥脆的餅乾、香甜的焦糖和濃郁的黑巧克力,無論大人小孩都很喜歡。由於製作簡單又易於保存,且人氣很高,這份食譜絕對非學不可。不論是當早茶、下午茶點心,或是晚餐後寵愛自己的甜點,都很適合。

| 份量:約24塊 | 準備時間:15分鐘(+放涼和靜置) | 烹調時間:45分鐘 |

材料

＊50g(⅓杯)中筋麵粉 ＊50g(⅓杯)自發麵粉 ＊60g(⅔杯)椰子粉
＊75g(⅓杯,壓實)紅糖 ＊65g奶油,融化且放涼

夾餡

＊2罐395g煉乳 ＊115g(⅓杯)金黃糖漿 ＊60g奶油,切塊

頂飾

＊125g黑巧克力,切塊 ＊30g奶油

做法

① 烤箱預熱至180℃(350℉)。18×28cm淺模底部及四邊鋪上不沾烘焙紙,烘焙紙需先裁剪,讓四個角貼合(參見P.123),而且紙需高出淺模約5cm。

② 兩種麵粉過篩到中型攪拌盆裡。拌入椰子粉和糖,中央挖出一個大洞。倒入奶油,用木匙拌勻。用湯匙背面將麵團緊緊壓實淺模底部(圖1)。烘烤12～15分鐘,或至餅乾稍微上色。靜置一旁。

③ 開始製作夾餡。小平底鍋中倒入煉乳、金黃糖漿和奶油。用木匙以小火不停攪拌約10分鐘,待混合物沸騰、色澤稍稍變深(圖2)。立刻倒入餅乾基底。烘烤15分鐘,或至表面變金黃色。連同模具移到冷卻架放涼。

④ 開始製作頂飾。巧克力和奶油倒入隔熱碗,放在裝有熱水的平底鍋上隔水加熱(勿讓碗底碰到熱水)。用金屬湯匙攪拌至巧克力融化、滑順為止。移開火源,稍微放涼。

⑤ 薄片取出模具。在放涼的夾餡上塗抹頂飾(圖3)。靜置於常溫下,待巧克力凝固(參見Tip)。食用時切成方形或長條。

Tip

◆ 天氣溫暖時,可能需要將薄片冰進冰箱,使巧克力凝固。
◆ 放入鋪有不沾烘焙紙的保鮮盒、置於陰涼處,可保存五天。天氣溫暖時,請冷藏保存。

Chocolate Caramel Slice

*Hazelnut Meringue
and Chocolate Fingers*

榛果巧克力蛋白霜手指餅乾

| 份量：24根 | 準備時間：30分鐘（＋放涼和冷藏2小時）| 烹調時間：25分鐘 |

材料

＊220g（2杯）榛果粉 ＊85g（⅔杯）糖粉，另準備適量，撒在餅乾上

＊2湯匙優質無糖可可粉，另準備適量，撒在模具上 ＊30g（¼杯）玉米粉

＊6顆蛋白，常溫 ＊⅛茶匙塔塔粉 ＊220g（1杯）細砂糖

甘納許

＊330g 70%調溫黑巧克力，切小碎塊 ＊300ml動物性鮮奶油

＊75g無鹽奶油，切丁，常溫

做法

① 烤箱預熱至130℃（250℉）。三個大型烤盤刷上薄薄一層融化奶油或食用油。裁剪三張符合烤盤大小的不沾烘焙紙；每張都用鉛筆畫出24×28cm的長方形，畫好後翻面，貼平在烤盤上。稍微刷上融化奶油，再撒上額外準備的可可粉。

② 榛果粉、糖粉、可可粉和玉米粉過篩到攪拌盆裡。

③ 蛋白和塔塔粉倒入另一個乾淨無水的大型攪拌盆裡。用裝有打蛋器的電動攪拌機中速打發至充滿氣泡。以一次1湯匙的方式倒入砂糖，每次倒入後要打發均勻。持續打發，直到糖全數溶解，且蛋白霜變得濃稠光滑。用金屬大湯匙或刮刀以切拌法分三批拌入可可粉，攪拌均勻。

④ 打好的蛋白霜均分成三等份，用抹刀或刮刀小心地塗抹在每個長方形的範圍內（圖1）。烘烤10分鐘，接著將烤盤轉向並交換位置，確保均勻受熱。再烘烤5分鐘，或至上層烤盤的蛋白霜邊緣開始上色，處於外表凝固、實則偏軟的狀態。最上層的烤盤拿出烤箱。剩下的蛋白霜再烘烤6分鐘；烘烤3分鐘左右時需交換烤盤位置。留在烤盤上放涼，接著跟著烤盤一起冰進冰箱。

⑤ 開始製作甘納許。巧克力倒入隔熱碗。鮮奶油以中火煮沸、倒在巧克力上，用打蛋器攪拌至滑順狀。靜置15分鐘，稍微放涼，並不時攪拌。倒入奶油，拌至甘納許融化、拌勻（圖2）。靜置於常溫下，以達到可塗抹的濃稠度。

⑥ 一個大型平坦烤盤鋪好不沾烘焙紙。取出冰箱中的一盤蛋白霜烤盤，倒扣在新的烘焙紙上。撕去上頭的紙（圖3）。一半的甘納許抹在第一層蛋白霜上。第二盤蛋白霜倒扣在第一層上頭，抹上剩餘的甘納許。最後一層蛋白霜取出烤盤，直接放在甘納許上（這次不要倒扣）。最上面再放一張全新的烘焙紙，接著輕輕放上一個烤盤。輕輕施壓於烤盤上，以確保各層均勻。

⑦ 冷藏2小時，或至甘納許凝固。用一把大利刀修掉邊緣，接著切成24個手指大小的長方形。食用前撒上糖粉。

Tip

用不沾烘焙紙分別包好，放入保鮮盒，可冷藏保存兩天。

巧克力椰子薄片

一直以來，椰子和可可都是廣受歡迎的組合，這款傳統薄片也不例外。這款經典食譜使用可可粉取代巧克力，只需融化材料、攪拌一下即可。因為容易製作、成本低廉，所以很適合在蛋糕攤、園遊會和募款活動上販售。

| 份量：約20片 | 準備時間：20分鐘 | 烹調時間：20分鐘 |

材料

* 150g（1杯）中筋麵粉
* 40g（⅓杯）無糖可可粉
* 295g（1⅓杯）細砂糖
* 135g（1½杯）椰子粉
* 200g奶油，融化放涼
* ½茶匙天然香草精
* 2顆蛋，常溫，稍微打過
* 2湯匙椰子粉，最後裝飾用

糖霜
* 155g（1¼杯）糖粉
* 2湯匙無糖可可粉
* 30g奶油，軟化
* 1湯匙熱水

做法

❶ 烤箱預熱至180℃（350℉）。18×28cm淺模底部及四邊都刷上融化奶油或食用油，接著底部和兩個長邊鋪上不沾烘焙紙，讓紙露出淺模外。

❷ 麵粉和可可粉過篩到中型攪拌盆裡。拌入椰子粉和砂糖，中央挖出一個大洞。倒入融化奶油、香草和蛋，用木匙拌勻（圖1）。

❸ 麵糊舀到淺模中，用湯匙背面均勻壓實於底部（圖2）。烘烤20分鐘，或拿蛋糕測試針插入蛋糕中央，若取出時沒有沾黏即可。連同模具移到冷卻架放涼。

❹ 開始製作糖霜。糖粉和可可粉過篩到小型攪拌盆裡。倒入奶油和熱水，拌至糖霜呈滑順狀。

❺ 連紙一起取出薄片。用抹刀在薄片表面塗抹糖霜，接著撒上裝飾用的椰子粉。靜置於常溫下，待糖霜凝固。切成方塊或手指餅乾形狀食用。

Tip
放入保鮮盒，可保存五天。

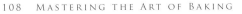

Choc-Coconut Slice

Coconut Jam Slice

椰子果醬薄片

這款令人欲罷不能的薄片，做法非常簡單。塞一塊到孩子的便當盒裡、在早晨或下午配茶喝，或是當甜點，趁熱佐著冰淇淋一起吃，都很適合。你可以選擇自己喜愛的果醬，像綜合莓果、黑莓和杏桃都很搭，甚至連柳橙果醬的效果也不錯。

| 份量：約12片 | 準備時間：20分鐘（＋冷藏10分鐘和放涼） | 烹調時間：35分鐘 |

材料

＊150g（1杯）中筋麵粉 ＊75g（½杯）自發麵粉
＊60g（½杯）糖粉 ＊150g冰過的奶油，切塊
＊1顆蛋黃 ＊165g（½杯）草莓或覆盆子果醬

頂飾

＊110g（½杯）細砂糖 ＊3顆蛋，常溫
＊270g（3杯）烘烤過的椰子粉

做法

① 烤箱預熱至180℃（350℉）。18×28cm淺模底部及四邊都刷上融化奶油或食用油，接著底部和兩個長邊鋪上不沾烘焙紙，剪開四個角以貼平淺模（參見P.123），並讓紙露出淺模外。

② 兩種麵粉、糖粉、奶油和蛋黃倒入食物調理機中。按下瞬間攪拌鍵，攪拌至混合物開始黏合（圖1）。麵團倒在撒有薄粉的工作檯上，揉壓至滑順狀。用指尖將麵團均勻壓實於模中（圖2）。冷藏10分鐘。烘烤15分鐘，或表面金黃、完全熟透。連同模具移到冷卻架放涼。

③ 果醬均勻塗抹在放涼的薄片上。

④ 開始製作頂飾，砂糖和蛋倒入中型攪拌盆裡，以球型打蛋器打發拌勻。拌入椰子粉。頂飾均勻塗抹在果醬上，用湯匙背面壓實（圖3）。烘烤20分鐘，或烤到頂飾變淺金色為止。連同模具移到冷卻架放涼。切成方塊或手指餅乾形狀食用。

Tip

放入保鮮盒，可保存五天。

棗泥薄片

這款薄片融合美味焦糖、棗泥和麥片，吃上一片就能讓人心底升起一股暖意，十分療癒。更是理想的午餐便當選擇，因為攜帶方便，所以也很適合野餐。

| 份量：約20片 | 準備時間：20分鐘 | 烹調時間：50～55分鐘 |

材料

* 300g去核棗乾，切塊
* 250ml（1杯）水
* 200g奶油，軟化
* 220g（1杯，壓實）紅糖
* 260g（1¾杯）中筋麵粉
* ½茶匙小蘇打
* 150g（1½杯）麥片

做法

1. 烤箱預熱至180℃（350℉）。18×28cm淺模底部及四邊都刷上融化奶油或食用油，接著底部和兩個長邊鋪上不沾烘焙紙，讓紙露出淺模外。

2. 棗乾和水倒入小型平底鍋中，以小火煮15分鐘，不時攪拌，待棗乾吸飽水分（圖1）。移開火源，放涼至常溫。

3. 奶油和紅糖倒入小型攪拌盆裡，用電動攪拌機打發至泛白乳化。倒入大型攪拌盆裡。過篩麵粉和小蘇打，和麥片一起倒入奶油中，用木匙拌勻（圖2）。

4. 一半的麵團舀到淺模中，用湯匙背面均勻壓實於底部。均勻抹上棗泥。舀入剩餘的麵團，用湯匙背面輕輕往下壓，蓋住棗泥（圖3）。烘烤35～40分鐘，或烤到表面金黃、完全熟透。連同模具移到冷卻架放涼。切成方塊或手指餅乾形狀食用。

Note 切薄片

切薄片時，務必遵照食譜指示，趁熱或放涼後切片。倘若太早取出淺模，薄片可能會破損或碎裂。將整片薄片取出淺模進行切片，用尺丈量，以確保方塊或手指餅乾的大小一致。鋒利的長刀會比小刀好用且穩定。切下每一刀之前，請擦掉刀上的碎屑、渣滓等物，維持刀面乾淨，才能一刀到底並切得漂亮。鑽石形狀很好切：先切出平行的長條狀，接著沿著淺模的對角切開。

Tip

放入保鮮盒，可存放五天。

Date Crumble Slice

Part 3 蛋糕
Cakes

簡易巧克力蛋糕

| 份量：12人份 | 準備時間：20分鐘（＋放涼）| 烹調時間：50～55分鐘（＋冷藏15分鐘）|

材料

* 185g無鹽奶油，軟化
* 330g（1½杯）細砂糖
* 1茶匙天然香草精
* 3顆蛋，常溫
* 260g（1¾杯）自發麵粉
* 55g（½杯）無糖可可粉
* 180ml（¾杯）牛奶

巧克力削

* 200g調溫牛奶巧克力磚（參見Tip），常溫

巧克力糖霜

* 125g黑巧克力，切塊
* 40g奶油，切塊
* 165g（1⅓杯）糖粉，過篩
* 2湯匙牛奶

做法

① 烤箱預熱至180℃（350℉）。一個22cm圓形蛋糕模內抹油，底部鋪好不沾烘焙紙。

② 奶油、砂糖和香草精倒入中型攪拌盆，用電動攪拌機打發至泛白乳化。加入蛋，一次一顆，每加一顆都要充分拌勻。接著，倒入另一個大型攪拌盆。

③ 過篩麵粉和可可粉。用金屬大湯匙或刮刀以切拌法輪流拌入麵粉和牛奶，兩種材料各分兩批拌入。拌至剛好拌合，幾近滑順狀。

④ 麵糊舀到淺模中，用湯匙背面整平表面。烘烤45～50分鐘，或拿蛋糕測試針插入蛋糕中央，取出時沒有沾黏即可。烤好後靜置在模具中10分鐘，再脫膜放到冷卻架上降溫。

⑤ 同時製作巧克力削。用削皮器（參見Tip）從巧克力磚上削出巧克力削（圖1）。手和巧克力磚中間需隔著一張不沾烘焙紙，以免手的熱氣讓巧克力融化。用盤子或不沾烘焙紙盛裝巧克力削，冷藏備用（也能直接在冰好的蛋糕上削出巧克力削）。

⑥ 開始製作巧克力糖霜。巧克力和奶油倒入隔熱小碗，放在裝有熱水的平底鍋上以小火隔水加熱（勿讓碗底碰到熱水）。不時攪拌至材料完全融化、變得滑順。移開火源，慢慢拌入糖粉（圖2）和牛奶，直至糖霜呈濃稠滑順貌。冷藏15分鐘，或待糖霜達到可塗抹的濃稠度；期間不時攪拌。

⑦ 蛋糕放涼後，頂部與側邊抹上糖霜（圖3），再用巧克力削裝飾。

Tip

◆ 牛奶巧克力的脂肪含量較高，不如黑巧克力易碎，因此比較適合製作巧克力削。黑巧克力做成的巧克力削容易碎裂。削皮器的刀片越寬、巧克力削越大片。

◆ 你也能用一份巧克力奶油糖霜（參見P.22）來取代這款糖霜。

◆ 放入保鮮盒，可保存四天。

Simple Chocolate Cake

Classic Sponge

經典海綿蛋糕

製作完美海綿蛋糕的竅門，在於勁道不可太過暴力，除了避免過度攪拌麵糊，也能確保麵糊充滿空氣。好的海綿蛋糕應質地輕巧，但又具有一定硬度，足以支撐果醬和打發好的鮮奶油。

|份量：8人份 | 準備時間：40分鐘（＋放涼）| 烹調時間：15分鐘 |

材料

＊100g（⅔杯）自發麵粉，另準備適量，撒在模具中 ＊2湯匙玉米粉

＊4顆蛋，常溫，完成分蛋 ＊110g（½杯）細砂糖

＊185ml（¾杯）動物性鮮奶油 ＊1湯匙糖粉，另準備適量，撒在餅乾上

＊110g（⅓杯）頂級草莓醬

做法

① 烤箱預熱至180℃（350℉）。在兩個20cm圓形蛋糕淺模內抹上奶油，底部鋪不沾烘焙紙。撒上額外準備的一點麵粉，稍微裹粉即可，搖掉多餘麵粉。

② 麵粉和玉米粉在一張不沾烘焙紙上過篩兩次。

③ 蛋黃和2湯匙細砂糖倒入中型攪拌盆裡，用裝有打蛋器的電動攪拌機打發4分鐘至非常濃稠、泛白且體積膨脹三倍。倒入大型攪拌盆裡。清洗打蛋器並完全弄乾。

④ 蛋白倒入大型攪拌盆裡，用裝有打蛋器的電動攪拌機打發至濕性發泡。加入剩餘的糖，打發至濃稠光滑狀。加進步驟3的蛋黃糊中，先前篩過的麵粉在打發好的蛋白霜上方再過篩一次，用金屬大湯匙或刮刀以切拌法輕輕拌入，拌勻即可（圖1）。

⑤ 麵糊均分到烤模中（圖2），用刮刀或湯匙的背面輕輕整平表面。置於烤箱中央烘烤15分鐘，或烤到表面變淺金色、略微高出模邊，拿蛋糕測試針插入兩塊蛋糕體中，取出時皆無沾黏即可。留在模具中5分鐘，接著脫膜放在冷卻架放涼，正面朝上。

⑥ 鮮奶油和糖粉倒入中型攪拌盆裡，用裝有打蛋器的電動攪拌機打發至乾性發泡。在其中一塊蛋糕上塗果醬和鮮奶油（圖3）。蓋上另一塊海綿蛋糕，食用前撒上另外準備的糖粉。

變化版

馬斯卡彭無花果海綿蛋糕

以無花果醬取代草莓醬；以250g軟化馬斯卡彭乳酪（輕輕攪拌乳酪至稍微變軟、可塗抹的濃稠程度，即軟化完畢）取代鮮奶油。

檸檬蛋奶醬草莓海綿蛋糕

不用草莓醬和糖粉。160g優質檸檬蛋奶醬（現成或手工皆可）拌入動物性鮮奶油。海綿蛋糕底層抹上蛋奶醬，接著鋪上150g去除蒂頭的草莓切片，再蓋上另一塊海綿蛋糕。

Tip

◆ 欲將麵糊均分到烤模中，最簡單的方法就是麵糊倒入模中時，用秤進行測量。

◆ 最好於完成當天食用完畢，風味最佳。

香草奶油蛋糕

這款蛋糕食譜相當容易操作、可靠且基本,很容易就能改造成其他口味。請試試我們的變化版本,接著自行選擇喜歡的奶油糖霜或糖衣口味(參見P.22)來裝飾。

| 份量:12人份 | 準備時間:25分鐘(+放涼)| 烹調時間:1小時 |

材料

＊200g無鹽奶油,稍微軟化

＊220g(1杯)細砂糖

＊1茶匙天然香草精

＊3顆蛋,常溫

＊300g(2杯)自發麵粉,過篩

＊160ml(⅔杯)牛奶

＊1份奶油糖霜,口味自選(可參P.22對柑橘奶油糖霜的生動描述)

做法

① 烤箱預熱至170℃(325℉)。在一個20cm方形蛋糕模中抹油,底部鋪不沾烘焙紙。

② 奶油、砂糖和香草精倒入中型攪拌盆裡,用電動攪拌機打發至泛白乳化。加入蛋,一次一顆,每次加入後都要充分拌勻(圖1)。用金屬大湯匙或刮刀以切拌法拌入麵粉和牛奶,拌勻即可。

③ 麵糊舀到方模中,用湯匙背面整平表面(圖2)。烘烤1小時,或拿蛋糕測試針插入蛋糕中央,取出時不沾黏即可(圖3)。蛋糕留在模具中靜置5分鐘,接著倒扣脫膜放到冷卻架完全放涼。

④ 在放涼的蛋糕頂部與側邊塗抹奶油糖霜。

變化版

檸檬奶油蛋糕
以1茶匙檸檬皮末取代香草精;以2湯匙檸檬汁取代2湯匙牛奶。

咖啡奶油蛋糕
不用香草精。以剛烘焙好的濃咖啡取代125ml(½杯)牛奶。烘烤之前,撒上35g(¼杯)杏仁薄片。

Tip

◆ 這款蛋糕也可放入22cm圓形蛋糕模中烘烤。

◆ 放入保鮮盒,可保存三天,冰或不冰皆可。

Vanilla Buttercake

Rich Fruit Cake

豪華水果蛋糕

〜〜〜〜〜〜〜〜〜〜〜〜〜〜〜〜〜〜〜〜〜〜〜〜〜

｜份量：一個直徑22cm蛋糕｜準備時間：30分鐘（＋隔夜浸泡和放涼）｜烹調時間：2小時15分鐘｜

材料

＊160g金黃葡萄乾 ＊125g糖漬杏桃（參見Tip），切小碎塊

＊100g糖漬柳橙（參見Tip），切小碎塊 ＊100g去核蜜李乾，切小碎塊

＊100g無花果乾，切小碎塊 ＊100g糖漬櫻桃，每顆切四小塊

＊100g去核棗乾，切小碎塊 ＊80g黑醋栗

＊125ml（½杯）萊姆酒或白蘭地 ＊200g無鹽奶油，軟化

＊150g（⅔杯，壓實）黑糖 ＊2茶匙柳橙皮末

＊4顆蛋，常溫 ＊185g（1¼杯）中筋麵粉，過篩

＊110g（¾杯）自發麵粉，過篩 ＊1茶匙綜合辛香料

＊125g綜合全堅果，種類自選（如去皮杏仁、剖半胡桃和／或榛果）

❶

❷

做法

❶ 所有水果連同萊姆酒或白蘭地一起放入大型攪拌盆中。蓋好保鮮膜，浸泡一晚（圖1）。

❷ 烤箱預熱至150℃（300℉）。在一個22cm圓形蛋糕模中抹油，鋪上兩層不沾烘焙紙（圖2）（參見P.122）。

❸ 奶油、黑糖和柳橙皮末倒入中型攪拌盆裡，用電動攪拌機打發至拌勻為止。分次加入蛋，一次一顆，每次加入後都要充分拌勻。用一支刮刀或金屬大湯匙將奶油蛋糊攪拌進用酒泡軟的水果中。拌入篩好的兩種麵粉和綜合辛香料，攪拌均勻。麵糊均勻倒入模具中，模具輕敲桌緣，消除大氣泡。用湯匙背面整平表面。蛋糕上頭以堅果裝飾。

❹ 置於烤箱中央烘烤2小時15分鐘，或至蛋糕測試針插入蛋糕中央時，取出沒有沾黏即可。烤1小時45分鐘後，查看蛋糕頂部是否過度上色，若是如此，上頭放一張鋁箔紙。蛋糕取出烤箱，上面蓋一張不沾烘焙紙，再用鋁箔紙牢牢包好密封，接著蛋糕連同模具一起用乾淨的抹布或毛巾裹住（圖3），靜置放涼（這麼做可使蛋糕維持濕潤）。放涼後，打開層層密封，蛋糕脫膜取出。

❸

Tip

◆ 糖漬柳橙和杏桃可至健康食品店購買。可依喜好，分別以綜合果皮（各種柑橘類水果的糖漬果皮）和杏桃乾取代。

◆ 以鋁箔紙包好並放入保鮮盒，置於陰涼處，可保存六星期。

三層百香果海綿蛋糕

| 份量：8～10人份 | 準備時間：1小時（＋放涼）| 烹調時間：35分鐘 |

材料

* 165g中筋麵粉
* 6顆蛋，常溫
* 165g（¾杯）細砂糖
* 30g奶油，融化放涼
* 125ml（½杯）動物性鮮奶油
* 1茶匙糖粉
* 100g烘烤過的杏仁片，最後裝飾用
* 適量糖粉，撒在餅乾上

柳橙利口酒糖漿

* 55g（¼杯）細砂糖
* 1湯匙柳橙利口酒（如君度橙酒）

百香果奶油

* 185ml（¾杯）動物性鮮奶油
* 1湯匙糖粉
* 120g（½杯）新鮮百香果汁（參見Tip）

做法

① 烤箱預熱至160℃（315℉）。在20cm圓形蛋糕深模中抹油，撒上麵粉後，敲掉多餘麵粉。

② 麵粉在一張不沾烘焙紙上過篩兩次。蛋和細砂糖倒入大型隔熱碗裡，用裝有打蛋器的手持式電動攪拌機打發均勻。隔熱碗放在裝有熱水的平底鍋上隔水加熱（勿讓碗底碰到水），高速打發10分鐘，或至蛋糊呈濃稠泛白狀、舉起打蛋器時會形成摺痕（圖1）。隔熱碗移出平底鍋。

③ 奶油輕柔迅速地平均撒在蛋糊上。倒入一半的麵粉，盡可能從紙上均勻撒入（圖2）。用金屬大湯匙或刮刀以切拌法輕柔而迅速地拌入奶油和麵粉，攪拌均勻。剩下的麵粉比照辦理，拌勻即可。

④ 麵糊倒入深模中，用刮刀或湯匙背面抹平表面。烘烤35分鐘，或烤到變淺金色、略微突出模邊。蛋糕測試針插入兩塊蛋糕體中央，取出時沒有沾黏即可。留在模具中放涼5分鐘，接著翻面放在冷卻架上完全放涼。

⑤ 開始製作柳橙利口酒糖漿。在平底鍋裡以小火攪拌砂糖和80ml水，待糖溶解並煮沸後，移開火源、放涼至常溫。拌入利口酒。

⑥ 開始製作百香果奶油。鮮奶油和糖粉倒入中型攪拌盆裡，用裝有打蛋器的電動攪拌機打發至乾性發泡。以切拌法輕輕拌入百香果肉。

⑦ 用鋸齒刀將蛋糕切成三等份（參見P.131）。底層用麵團刷刷上一半的糖漿、抹上一半的百香果奶油。放上中層蛋糕，刷上剩下的糖漿（圖3）、抹上剩下的百香果奶油。放上最上層的蛋糕。

⑧ 用裝有打蛋器的電動攪拌機打發鮮奶油和糖粉至乾性發泡。用抹刀塗在蛋糕側邊。將杏仁片黏上奶油，做為裝飾。上層撒上糖粉。

Tip

◆ 要做出百香果奶油所需的量，需要約6～8顆一般大小的百香果。

◆ 最好於完成當天食用完畢，風味最佳。

Passionfruit Genoise

Pound Cake

磅蛋糕

傳統磅蛋糕是用等重的麵粉、奶油、糖和蛋製成的，對於那些憑記憶做蛋糕的人來說，頗為方便。這裡的版本比例稍微不同，成品奶香濃郁、口感濕潤，且容易保存。

│ 份量：8人份 │ 準備時間：25分鐘 │ 烹調時間：50分鐘 │

材料

＊185g無鹽奶油，稍微軟化 ＊165g（¾杯）細砂糖

＊1茶匙天然香草精 ＊3顆蛋，常溫

＊100g（⅔杯）中筋麵粉 ＊75g（½杯）自發麵粉

＊60ml（¼杯）牛奶 ＊適量糖粉，撒在蛋糕上

做法

① 烤箱預熱至180℃（350℉）。一個8×19cm長條模中刷上融化奶油或食用油，底部與兩個長邊鋪上不沾烘焙紙，讓紙露出淺模外（圖1）。

② 奶油、砂糖和香草精倒入攪拌盆裡，用電動攪拌機打發至泛白乳化（圖2）。分次加入蛋，一次一顆，每次加入後都要充分拌匀。蛋奶糊倒入大型攪拌盆裡。過篩兩種麵粉。用金屬大湯匙以切拌法輪流拌入麵粉和牛奶，兩種材料各分兩批拌入，剛好拌匀、變得滑順即可（圖3）。

③ 蛋糕麵糊舀到烤模中，用湯匙背面弄平表面。烘烤45～50分鐘，或拿蛋糕測試針插入蛋糕中央，取出時沒有沾黏即可。留在模具中10分鐘，接著翻面放在冷卻架放涼。食用前，稍微撒上糖粉。

變化版

大理石蛋糕

步驟2結束後，蛋糕麵糊平分到三個攪拌盆中。第一個攪拌盆拌入幾滴粉紅色食用色素、第二個攪拌盆拌入1茶匙篩過的無糖可可粉、第三個攪拌盆維持原樣。輪流將三個攪拌盆的蛋糕麵糊舀入烤模中。用抹刀稍微攪動。依步驟3指示烘烤。食用前，在放涼的蛋糕上撒上糖粉，或是抹上一份巧克力奶油糖霜（參見P.22）。

Tip

放入保鮮盒，可保存四天。

蛋糕後續處理 Handling Cakes

蛋糕如何移出模具

有些蛋糕必須留在模中完全放涼，以免縮水或塌陷，天使蛋糕便是一例；豪華水果蛋糕也得留在模中放涼，才能保持濕潤。不過，大部分的蛋糕拿出烤箱後，只須留在模中數分鐘，靜置一下至稍微和模具側邊分離開來。接著將蛋糕從模具倒扣取出（若使用扣環式活動模，則將扣環解開），讓蛋糕一邊放涼一邊散去蒸氣，避免受潮。以打發蛋白為主的蛋糕（如海綿蛋糕），會比以乳化作用為主的蛋糕（如奶油蛋糕或磅蛋糕）還脆弱，因此脫模時要格外小心。

❶ 首先，小抹刀或平刃刀插入蛋糕邊緣，邊轉動烤模邊切。請盡量貼近模邊，才不會切到蛋糕。

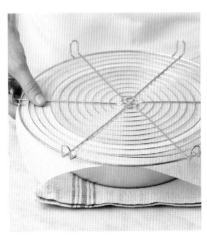

❷ 模具上方鋪一塊抹布、毛巾或不沾烘焙紙，再放上冷卻架，如此一來蛋糕才不會印上冷卻架痕。

❸ 蛋糕倒扣、翻面放到冷卻架上，撕去蛋糕底部沾黏的紙張，好讓蒸氣散逸，以免蛋糕底部受潮。

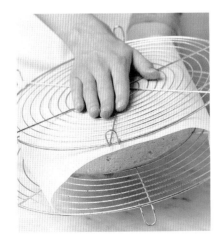

❹ 蛋糕上再蓋上烘焙紙與第二個烤架後翻面，這樣蛋糕朝上的那面才是正確的。進行裝飾或切片前，請先放涼至常溫。

Tip

沒有用到麵粉的蛋糕或乳酪蛋糕因太過脆弱，取出模具時無法倒扣，最好使用扣環式活動模烘烤。蛋糕取出活動模前，須在拿出烤箱後，留在模中放涼5～10分鐘。接著，盡量貼近模邊，拿小抹刀或平刃刀沿著蛋糕外緣切割分離。解開位於模側的扣環，取出模具。使用翻蛋鏟或大抹刀將蛋糕從模底移至冷卻架放涼。倘若蛋糕體過於脆弱，最好留在模底上頭、靜置冷卻架放涼。

如何切出平均蛋糕層

要將蛋糕橫切剖開可不簡單，但若做好事前準備，成功率就會大增。
請準備一把尺、數支牙籤和一把長鋸齒刀。

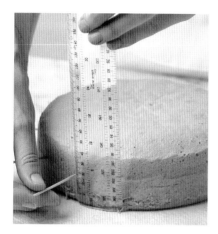

❶ 拿一把尺測量蛋糕高度，分成三等份。插上牙籤以標示出剖蛋糕的位置；務必讓蛋糕層的厚度平均一致。蛋糕高度通常可決定剖幾層：厚度少於2cm的蛋糕層難以均勻剖開。

❷ 一手輕放在蛋糕上、固定住蛋糕。接著，沿著牙籤位置，使用一把長鋸齒刀（刀刃長於蛋糕直徑，會比較好操作）將蛋糕最上層橫切開來。

❸ 使用塔模底部、一把大刮刀或翻蛋鏟當輔助，將最上層蛋糕小心地移到一旁靜置。其他蛋糕層皆重複上述動作即可。

如何捲出瑞士蛋糕捲

❶ 在一張比蛋糕稍大一點的不沾烘焙紙上，撒一些糖、糖粉或可可粉（依食譜指示）。這樣一來，蛋糕捲外層裹上材料後，就不會沾黏烘焙紙。蛋糕翻面放到前述烘焙紙上，撕去原本的烘焙紙。

❷ 利用鋪在蛋糕下的烘焙紙捲起蛋糕。食譜會依蛋糕種類的不同，指示將蛋糕捲起之後靜置放涼、攤平重捲數次，或是攤平後再靜置放涼。後一種方式必須蓋上一塊微濕的抹布或毛巾，以保蛋糕濕潤。

❸ 如果蛋糕是捲起後放涼，攤平時烘焙紙仍在蛋糕下。使用抹刀在蛋糕上塗抹夾餡。接著，以烘焙紙為輔助捲起蛋糕，越緊越好。用烘焙紙將蛋糕包住，以維持蛋糕形狀。放在烤盤上，開口朝下。如果食譜指示食用前需先冰過，務必照做。

Flourless Chocolate Cake

無麵粉巧克力蛋糕

這款無麵粉巧克力蛋糕頗有現代感，只用了一點榛果粉來形成蛋糕架構，成品質感類似慕斯。由於蛋是主要材料，這款蛋糕烘烤時會膨脹，靜置時會稍微塌陷裂開。因此建議冷藏，再配上新鮮莓果食用。

| 份量：8～10人份 | 準備時間：10分鐘（＋冷藏3小時） | 烹調時間：1小時10分鐘 |

材料

＊300g 50%黑巧克力，切塊　＊150g無鹽奶油，切塊

＊5顆蛋，常溫，完成分蛋　＊55g（¼杯）細砂糖，另準備75g（⅓杯）

＊60ml（¼杯）牛奶　＊110g（1杯）榛果粉

＊無糖可可粉，撒在蛋糕上　＊125g（1杯）覆盆子，食用前添加

＊鮮奶油，食用前添加（選用）

做法

① 烤箱預熱至150℃（300℉）。一個20cm圓形扣環式蛋糕模抹油後，鋪好不沾烘焙紙，紙張高出模邊5cm（圖1）（烘焙紙多出來的部分可以支撐蛋糕，因為烘烤過程中蛋糕會膨脹，放涼後又會回縮）。

② 巧克力和奶油倒入隔熱碗，放在裝有熱水的平底鍋上隔水加熱（勿讓碗底碰到熱水）。不時攪拌，待材料融化、變得滑順。移開鍋子，靜置一旁。

③ 蛋白和砂糖倒入乾淨無水的中型攪拌盆裡，電動攪拌器打發至乾性發泡。靜置一旁。

④ 蛋黃和另備的砂糖倒入中型攪拌盆裡，以球型打蛋器打發至濃稠泛白（圖2）。打入牛奶。加入巧克力混合物與榛果粉，打發均勻。用金屬大湯匙或刮刀以切拌法拌入三分之一的蛋白，拌勻即可（圖3）。分兩批拌入剩下的蛋白。蛋糕麵糊舀到模具中，整平表面。

⑤ 烘烤45分鐘，中間不要開箱門。蛋糕轉向，以確保烘烤均勻，續烤20分鐘，或蛋糕上層看起來已凝固。蛋糕連同模具移到冷卻架上放涼。冷藏3小時，或充分冰過即可。

⑥ 剪去露出模外的烘焙紙。蛋糕倒扣脫膜放到盤中，撕去烘焙紙。輕輕放上一個盤子，將蛋糕翻過來，讓蛋糕正面朝上。用細網篩撒可可粉。一把利刀浸入熱水並擦乾後，將蛋糕切片。可依個人喜好搭配覆盆子和鮮奶油一同食用。

Tip

放入保鮮盒、冰在冰箱裡，可保存四天。

白巧克力泥漿蛋糕

~~~~~~

| 份量：16～20人份 | 準備時間：20分鐘（＋放涼和冷藏4小時） | 烹調時間：1小時15分鐘 |

材料

＊250g白巧克力，切塊

＊200g奶油，切塊

＊330g（1½杯）細砂糖

＊2顆蛋，常溫

＊1茶匙天然香草精

＊150g（1杯）中筋麵粉

＊150g（1杯）自發麵粉

＊1份白巧克力奶油糖霜（參見P.22）

做法

① 烤箱預熱至160℃（315℉）。一個20cm方形蛋糕深模中抹油，底部及四邊鋪上不沾烘焙紙。

② 白巧克力、奶油和200ml水倒入中型平底鍋中。以小火加熱攪拌至完全融化、拌勻。白巧克力醬倒入大型攪拌盆裡，拌入砂糖，靜置放涼至微溫。

③ 蛋和香草精倒入白巧克力醬，以球型打蛋器打發至拌勻。篩入兩種麵粉，用打蛋器攪拌至滑順狀（圖1）。倒入模具，模具輕敲桌緣，使蛋糕麵糊均勻。

④ 烘烤1小時10分鐘，或拿蛋糕測試針插入蛋糕中央，取出時沒有沾黏即可；中途改變模具方向，以保烘烤均勻（快烘烤完畢時，蛋糕上層可能會稍微裂開）。蛋糕連同模具放在冷卻架上放涼15分鐘，接著在架上翻面靜置至完全放涼。蛋糕脫模後以保鮮膜包住，冰進冰箱4小時，或充分冰過即可。冷藏後的蛋糕更易於上糖霜。

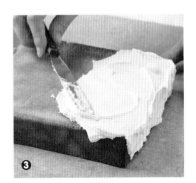

⑤ 可依喜好，用鋸齒利刀修掉蛋糕上層（圖2）。用麵團刷撥掉碎屑。蛋糕倒放在盤子或蛋糕架上。用抹刀於蛋糕頂部及四邊塗上白巧克力奶油糖霜（圖3）。

Tip

◆ 這款蛋糕塗抹糖霜後即可食用。放入保鮮盒，可冷藏保存四天。食用前，先拿出冰箱退冰1小時，恢復常溫。

◆ 不要使用不沾模具，否則長時間烘烤會導致外層過度上色。

White Chocolate Mud Cake

Honey Spice Swiss Roll

蜂蜜香料瑞士捲

做好瑞士捲的關鍵在於蛋糕本體不要烤過頭。為了防止蛋糕裂開，將海綿蛋糕倒放脫膜時，工作檯上要先鋪好一層不沾烘焙紙，而且動作務必俐落迅速，讓蛋糕在第一次捲起來時仍是溫熱的。

| 份量：8人份 | 準備時間：40分鐘（＋放涼） | 烹調時間：8～10分鐘 |

材料

＊110g（¾杯）自發麵粉 ＊1茶匙綜合辛香料
＊3顆蛋，常溫，完成分蛋 ＊110g（½杯）細砂糖
＊2湯匙熱牛奶 ＊30g（¼杯）糖粉，另準備適量，食用前添加

蜂蜜奶油

＊185ml（¾杯）動物性鮮奶油 ＊2湯匙蜂蜜

做法

① 烤箱預熱至200℃（400℉）。一個25×31cm瑞士捲模的模底稍微抹油，接著鋪上不沾烘焙紙，剪開四個角以貼平烤模（參見P.123），紙張須高出淺模約5cm。

② 麵粉和綜合辛香料過篩兩次。蛋白倒入乾淨無水的大型攪拌盆裡，用裝有打蛋器的電動攪拌機打發至濕性發泡。以一次1湯匙的方式慢慢倒入砂糖，每次倒入後都要打發均勻至濃稠光滑。加入蛋黃，一次一顆，充分打發均勻。打發5分鐘，或至混合物呈濃稠泛白狀。

③ 熱牛奶從碗緣倒入。在碗的上方過篩麵粉。用金屬大湯匙或刮刀以切拌法拌入，剛好拌勻即可。混合物輕輕倒入模中，用刮刀或湯匙背面抹平表面。

④ 烘烤8～10分鐘，或烤到表面變淺金色、摸起來有彈性，蛋糕測試針插入蛋糕中央時，取出沒有沾黏即可。

⑤ 將一張比蛋糕稍大一點的不沾烘焙紙放在工作檯上。在紙的上方過篩糖粉（圖1）。烤好的蛋糕翻面放到糖粉上，撕去鋪模的烘焙紙。以蛋糕下的烘焙紙為輔助，從短邊開始，小心捲起蛋糕（圖2）。靜置於冷卻架上完全放涼。

⑥ 開始製作蜂蜜奶油。鮮奶油倒入中型攪拌盆裡，用球型打蛋器或裝有打蛋器的電動攪拌機打發至濕性發泡。加入蜂蜜，打發至乾性發泡。攤平蛋糕，均勻抹上蜂蜜奶油，接著以烘焙紙為輔助，重新捲起蛋糕（圖3）。食用前撒上額外準備的糖粉，並切片。

Tip

這款蛋糕於完成當天食用完畢，風味最佳。

Angel Food Cake

天使蛋糕

這款美味的蛋糕源自北美，主體是用類似蛋白霜的混合物製成，沒有使用任何蛋黃和奶油。天使蛋糕有著雪白的內部，因蛋白霜比例很高，所以質地極為輕盈、充滿氣孔。有別於其他蛋糕，天使蛋糕必須連同烤模、以倒置的方式放涼

| 份量：12人份 | 準備時間：30分鐘（＋放涼） | 烹調時間：40分鐘 |

材料

* 150g（1杯）自發麵粉
* 12顆蛋白，常溫
* 1½茶匙塔塔粉
* ¼茶匙鹽
* 220g（1杯）細砂糖
* 1½茶匙天然香草精
* 糖粉適量，撒在蛋糕上
* 高脂／兩倍鮮奶油或發泡鮮奶油，以及去蒂切片的草莓，食用前添加

做法

① 烤箱預熱至180℃（350℉）。備好一個沒有抹油的天使蛋糕模。麵粉在一張不沾烘焙紙上過篩三次。

② 蛋白、塔塔粉和鹽倒入乾淨無水的大型攪拌盆裡，用裝有打蛋器的電動攪拌機打發至濕性發泡。以一次2湯匙的方式慢慢打入砂糖，拌至濃稠光滑。打入香草。

③ 用金屬大湯匙或刮刀，以切拌法輕輕拌入四分之一的麵粉，拌勻即可（圖1）。剩下的麵粉比照辦理，分三批拌入。

④ 蛋糕麵糊舀到天使蛋糕模中，整平表面（圖2）。烘烤40分鐘，或至蛋糕膨起、表面變金黃色。拿蛋糕測試針插入蛋糕中央，取出時沒有沾黏即可。烤模倒放、置於冷卻架上，蛋糕不要取出模具，靜置放涼（圖3）。小把平刃刀插入蛋糕邊緣、沿著外緣劃開，使蛋糕脫離烤模。在盤子上輕輕搖晃模具，取出蛋糕。

⑤ 撒上糖粉，和奶油及草莓一同食用。

Tip

＊ 烤模切勿抹油，否則蛋糕會從模邊滑落並塌陷。
＊ 放入保鮮盒，可保存兩天。

杯子蛋糕

杯子蛋糕有兩大優點：可以一個人享用；口味及裝飾選項非常多樣。這份簡單的食譜非常適合做為杯子蛋糕的入門磚，並附上各種口味、裝飾上的變化，激發更多創意。

|份量：12人份 | 準備時間：15分鐘 | 烹調時間：18～20分鐘|

材料

＊225g（1½杯）中筋麵粉 ＊1½茶匙泡打粉 ＊150g（⅔杯）細砂糖

＊125g無鹽奶油，軟化 ＊60ml（¼杯）牛奶 ＊3顆蛋，常溫

＊1茶匙天然香草精 ＊糖霜與裝飾，種類和樣式自選（參見下方建議）

做法

❶ 烤箱預熱至170℃（325℉）。襯紙杯放入12個80ml（⅓杯）的馬芬模孔中。

❷ 麵粉和泡打粉篩入攪拌盆中。倒入砂糖、奶油、牛奶、蛋和香草精（圖1）。用電動攪拌機低速打發拌勻。增強到中速，攪拌3分鐘，或至充分拌勻且顏色變淡（圖2）。蛋糕麵糊均勻平分到襯紙杯裡。

❸ 烘烤18～20分鐘，或烤到表面變金黃色，拿蛋糕測試針插入蛋糕中央，取出時沒有沾黏即可。留在模具中放涼5分鐘，接著移到冷卻架完全放涼（圖3）。

❹ 杯子蛋糕抹上糖霜，再做最後裝飾。

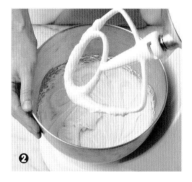

裝飾建議

菊花檸檬杯子蛋糕

1份柑橘糖衣（參見P.22）抹上12個杯子蛋糕。15顆白棉花糖對切兩次。將這些切成四分之一的棉花糖以切口朝上的方式，在蛋糕上擺出花朵圖樣。每一朵棉花糖花的中間都放上一顆黃色雷根糖。

閃耀香草杯子蛋糕

擠花袋裝上1cm星形花嘴後，盛入1份香草奶油糖霜（參見P.22）。在杯子蛋糕中央擠出一個大圓圈。接著，從杯子蛋糕外緣開始，在圓圈周圍和上方擠出漩渦。撒上銀珠糖，或是你喜歡的材料。剩下的杯子蛋糕、奶油糖霜及要撒的東西，都比照辦理。

草莓奶油杯子蛋糕

12個杯子蛋糕分別抹上1份香草奶油糖霜（參見P.22）。12顆中型草莓去蒂，縱向切成薄片。在每個杯子蛋糕上擺放數片草莓，彼此略微重疊。2湯匙草莓醬和1湯匙水放入小平底鍋溶解，接著用麵團刷將糖水刷在草莓片上。

Tip

這款杯子蛋糕可以馬上食用，也能放入保鮮盒、冷藏保存兩天。食用前，先拿出冰箱退冰15～30分鐘，以恢復常溫。

Cupcakes

Blueberry and Almond Friands

藍莓杏仁芙莉安

芙莉安是一種用杏仁粉和蛋白霜製成的小蛋糕。靈感來自法式甜點費南雪（有趣的是，芙莉安在法文是指香腸捲）。這種蛋糕製作容易，只要將所有的材料拌入打發過的蛋白霜，再拿去烤就行了。

| 份量：12人份 | 準備時間：15分鐘 | 烹調時間：20分鐘 |

材料

* 6顆蛋白，常溫
* 160g奶油，融化放涼
* 250g（2杯）糖粉
* 125g（1¼杯）杏仁粉
* 100g（⅔杯）中筋麵粉
* 150g冷凍藍莓
* 20g（¼杯）杏仁片

做法

❶ 烤箱預熱至200℃（400℉）。一個12孔芙莉安蛋糕模稍微塗抹融化奶油。

❷ 用球型打蛋器在中型攪拌盆中打發蛋白，直到起泡但不挺直（圖1）。用木匙拌入奶油、糖粉、杏仁粉和麵粉，剛好拌勻即可。迅速拌入冷凍藍莓（圖2）。

❸ 混合物均分到抹油的芙莉安蛋糕模孔中，撒上杏仁片（圖3）。

❹ 烘烤20分鐘，或拿蛋糕測試針插入一塊芙莉安小蛋糕中央，若取出時沒有沾黏即可。留在模具中放涼5分鐘，接著脫膜放在冷卻架上放涼。

變化版

覆盆子開心果芙莉安
以冷凍覆盆子取代藍莓；以開心果碎塊取代杏仁片。

櫻桃榛果芙莉安
以榛果粉取代杏仁粉；以冷凍櫻桃取代藍莓。不用杏仁片。

Tip

◆ 芙莉安蛋糕模可在大型超市和廚具用品店購得。
◆ 也可改用十二孔、每孔80ml（⅓杯）的馬芬模。
◆ 放入保鮮盒，可保存四天。

Nectarine and Almond Cake

油桃杏仁蛋糕

製作這款蛋糕一點也不麻煩，上手容易，讓人想 做再做。只要用食物調理機混合蛋糕麵糊，相當簡單快速。接著，需要你親自動手的部分，只有在模具中鋪上水果和堅果而已。若想快速上桌，抹上鮮奶油或冰淇淋，便可趁熱食用。

| 份量：8人份 | 準備時間：15分鐘 | 烹調時間：50分鐘 |

材料

* 150g（1杯）中筋麵粉
* 110g（½杯）細砂糖
* 1茶匙泡打粉
* 2茶匙檸檬皮末
* 125g冰過的無鹽奶油，切丁
* 2顆蛋，常溫
* 35g（⅓杯）杏仁片
* 4顆黃色油桃，1顆約450g、切成12片
* 糖粉（選用），撒在蛋糕上
* 動物性鮮奶油或香草冰淇淋（選用），食用前添加

做法

① 烤箱預熱至180℃（350°F）。一個20cm扣環式圓形蛋糕模內抹上奶油。

② 麵粉、細砂糖、泡打粉和檸檬皮放入食物調理機中拌勻。加入無鹽奶油，拌至麵糊呈麵包屑狀（圖1）。不要關掉機器，直接加入蛋。按下瞬間攪拌鍵，攪打均勻。

③ 一半的蛋糕麵糊均勻倒入抹油的模具中。撒上一半的杏仁片、鋪上一半的油桃片（圖2）。再倒入剩餘蛋糕麵糊，用刮刀整平表面（圖3）。鋪上剩下的油桃片，撒入剩餘的杏仁片。烘烤50分鐘，或烤到表面呈金黃色後，蛋糕測試針插入蛋糕中央，取出時沒有沾黏即可。留在模具上5分鐘，接著脫膜移到冷卻架放涼。

④ 趁熱或常溫食用皆可。可依喜好在食用前撒上糖粉，搭配鮮奶油或冰淇淋一起吃。

Tip

◆ 可按照季節選擇不同的當季水果和堅果。譬如秋天時，可試試蘋果搭松子，或是梨子配杏仁。

◆ 放入保鮮盒，可保存三天。

Caramel Apple Cake

焦糖蘋果蛋糕

想吃簡單好做且風味獨特的蛋糕嗎？選擇焦糖蘋果蛋糕就對了！蛋糕上淋的焦糖蘋果醬，就是酸甜好滋味的完美呈現。

| 份量：8人份 | 準備時間：30分鐘（＋靜置10分鐘） | 烹調時間：1小時20分鐘 |

材料

* 75g（⅓杯，壓實）紅糖
* 3小顆翠玉青蘋果，削皮、去核、切成厚片（參見Tip）
* 1湯匙檸檬汁
* 125g奶油，軟化
* 220g（1杯）細砂糖
* 1茶匙肉桂粉
* 1茶匙天然香草精
* 3顆蛋，常溫
* 150g（1杯）自發麵粉
* 35g（¼杯）中筋麵粉
* 60ml（¼杯）牛奶
* 高脂／兩倍鮮奶油，食用前添加

❶

❸

❷

做法

❶ 烤箱預熱至180℃（350℉）。一個20cm圓形蛋糕模具內刷上融化奶油或食用油，接著鋪上不沾烘焙紙。紅糖撒滿模底。蘋果放進攪拌盆裡，拌入檸檬汁。蘋果均勻擺在紅糖上（圖1），接著淋上剩下的檸檬汁。

❷ 奶油、砂糖和肉桂粉倒入小型攪拌盆裡，用電動攪拌機打發至乳化。倒入香草精和蛋打發均勻。過篩自發麵粉和中筋麵粉。用金屬大湯匙或刮刀輕輕拌入麵粉和牛奶，兩種材料各分兩批拌入（圖2）。麵糊舀到蘋果上，用湯匙背面抹順麵糊表面。

❸ 烘烤1小時20分鐘，或烤到色澤轉金黃，以蛋糕測試針測試是否熟透。留在模具中10分鐘，接著將餐盤蓋在烤模上，轉一圈使蛋糕脫膜（圖3）。可趁熱或於常溫時搭配鮮奶油一起食用。

Tip

金冠蘋果或粉紅佳人蘋果也很適合用於這款蛋糕。

檸檬蛋白杏仁草莓慕斯蛋糕

這款蛋糕美味可口又無負擔，讓人想一吃再吃；不僅色香味俱全，又可提前製作，是節慶蛋糕的最佳選擇之一。

| 份量：8人份 | 準備時間：40分鐘（＋放涼30分鐘和冷藏3小時）| 烹調時間：30分鐘 |

材料

＊4顆蛋白，常溫 ＊165g（¾杯）細砂糖 ＊1茶匙天然香草精
＊135g（1⅓杯）杏仁粉 ＊35g（¼杯）中筋麵粉 ＊1茶匙檸檬皮末
＊2湯匙草莓果醬 ＊125ml（½杯）動物性鮮奶油，打發至乾性發泡
＊95g（1杯）杏仁片，烤過，稍微壓碎 ＊草莓和糖粉，最後裝飾用

草莓慕斯

＊600ml動物性鮮奶油 ＊180g白巧克力，切小碎塊
＊250g草莓，去蒂 ＊2湯匙草莓果醬 ＊1湯匙吉利丁粉

做法

❶ 烤箱預熱至180℃（350℉）。兩個22cm扣環式活動模刷上融化奶油或食用油，接著鋪上不沾烘焙紙。

❷ 蛋白倒入乾淨無水的攪拌盆裡，用裝有打蛋器的電動攪拌機打發至濕性發泡。慢慢倒入砂糖，每次倒入後都要打發均勻、直到濃稠光滑。打入香草精。

❸ 杏仁粉、麵粉和檸檬皮末拌在一起。倒入蛋白霜中，用金屬大湯匙以切拌法拌入，拌勻即可。麵糊均分到兩個模具中，抹順麵糊表面。烘烤18分鐘，或烤到表面變淺金色。留在模具中放涼。

❹ 開始製作草莓慕斯。125ml（½杯）鮮奶油倒入小型平底鍋中，煮到接近沸騰。移開火源，倒入巧克力，靜置30秒鐘。攪拌至材料融化。靜置30分鐘。

❺ 同時，草莓和草莓果醬一起用食物調理機攪拌至滑順。攪拌好後，倒入網篩過濾到攪拌盆裡。丟掉種籽。

❻ 60ml（¼杯）的溫水倒入小型耐熱液態量杯裡，吉利丁粉撒入其中。靜置5分鐘軟化。液態量杯放在裝有熱水的小型平底鍋上慢慢隔水加熱，待吉利丁溶解（圖1）。

❼ 用裝有打蛋器的電動攪拌機打發剩下的鮮奶油至乾性發泡。以切拌法拌入草莓糊、巧克力和吉利丁，拌勻即可（圖2）。

❽ 一塊蛋白杏仁蛋糕取出模具。第二塊蛋白杏仁蛋糕（仍置於模具中）抹上果醬；草莓慕斯抹到草莓果醬上（圖3），最上面再擺上第一塊蛋白杏仁蛋糕。蛋糕蓋好，冷藏3小時或一整晚。

❾ 蛋糕取出模具。側邊抹上鮮奶油後，再黏上杏仁片。蛋糕頂部擺上草莓，撒上一層糖粉，便可食用。

Lemon Macaroon and
Strawberry Mousse Cake

Muffins, Scones & Quick Breads

Part 4
馬芬、司康
和速發麵包

香蕉馬芬

比起其他口味的馬芬，香蕉馬芬可說是入門款。當你熟悉香蕉馬芬的做法之後，不妨照著這份食譜做點變化，甚至開發出新口味！

| 份量：12個 | 準備時間：15分鐘 | 烹調時間：20～25分鐘 |

材料

＊300g（2杯）自發麵粉 ＊½茶匙肉桂粉或肉荳蔻粉

＊110g（½杯，壓實）紅糖 ＊125ml（½杯）牛奶

＊2顆蛋，常溫，稍微打過 ＊1茶匙天然香草精

＊300g（1¼杯）熟香蕉泥（參見Tip） ＊125g奶油，融化放涼

＊60g（½杯）剖半胡桃或核桃，大略切塊，撒在馬芬上

做法

① 烤箱預熱至180℃（350℉）。12孔80ml（⅓杯）馬芬模孔內刷上薄薄一層融化奶油或食用油。

② 麵粉和肉桂粉或肉荳蔻粉過篩到大型攪拌盆裡。拌入紅糖。中央挖出一個大洞。

③ 牛奶、蛋和香草精倒入液態量杯裡打發（圖1），倒入洞中。再倒入香蕉泥和融化奶油。用金屬大湯匙以切拌法拌入，剛好拌勻即可，表面無須滑順（圖2）（不要過度攪拌，否則馬芬會變太硬，麵糊應仍有團塊）。

④ 麵糊均分到12個馬芬模孔中，撒上堅果。烘烤20～25分鐘，或表面呈金黃色，即蛋糕測試針插入中央並取出時沒有沾黏。留在模具中3分鐘，接著用抹刀沿模孔邊緣劃過一圈、取出馬芬（圖3）。放到冷卻架上放涼。常溫食用。

變化版

巧克力馬芬
拿掉香料、香蕉和堅果。以55g（½杯）的無糖可可粉取代75g（½杯）的麵粉，牛奶增加至185ml（¾杯）。

柳橙馬芬
拿掉香料、香蕉和堅果。以110g（½杯）的細砂糖取代紅糖。以185g（¾杯）的白脫牛奶取代一般牛奶。以1湯匙的柳橙皮末取代香草精。

Tip

◆ 這份食譜會用到三根中等大小的熟香蕉。
◆ 放入保鮮盒，可保存兩天。若要冷凍，請先個別用保鮮膜包好，再放入冷凍保鮮袋或保鮮盒，外面貼上標籤並標好日期，可冷凍保存三個月。在常溫下解凍。

Banana Muffins

*White Chocolate
and Blackberry Muffins*

白巧克力黑莓馬芬

馬芬麵糊裡放進莓果自然是美事一樁，若再放入黑巧克力或白巧克力，更是美味。沒有黑莓的話，也能用藍莓或覆盆莓代替。如果是用冷凍莓果，必須在退冰之前和馬芬麵糊攪拌完成，以免莓果退冰之後掉色，染到麵糊。黑巧克力的效果和白巧克力一樣好。

| 份量：12個 | 準備時間：20分鐘 | 烹調時間：25～30分鐘 |

材料

* 375g（2½杯）自發麵粉
* 200g白巧克力，切塊
* 125g奶油
* 110g（½杯，壓實）紅糖
* 125ml（½杯）牛奶
* 3顆蛋，常溫
* 300g（2⅓杯）新鮮或冷凍黑莓
* 2湯匙糖，撒在馬芬上

做法

① 烤箱預熱至180℃（350℉）。12孔80ml（⅓杯）馬芬模孔內刷上薄薄一層融化奶油或食用油。

② 麵粉過篩到攪拌盆裡，拌入125g的白巧克力。中央挖出一個大洞。

③ 剩下的白巧克力和奶油倒入中型隔熱碗，放在裝有熱水的平底鍋上隔水加熱（勿讓碗底碰到熱水）。攪拌至材料融化、拌勻（圖1）。隔熱碗移出平底鍋。倒入紅糖和牛奶，用球型打蛋器拌勻。打入蛋。

④ 奶油倒入麵粉中，用金屬大湯匙或刮刀以切拌法輕輕拌入，拌勻即可，表面無須滑順。輕輕拌入黑莓（圖2）（不要過度攪拌，否則馬芬會太硬，麵糊應仍有團塊）。

⑤ 麵糊均分到12個馬芬模孔中（圖3）。撒上紅糖。烘烤20～25分鐘，或至馬芬膨脹、呈金黃色且略微突出模邊。留在模具中3分鐘，接著用抹刀沿模孔邊緣劃一圈、取出馬芬。移到冷卻架上放涼。常溫食用。

Tip

放入保鮮盒，可保存兩天。若要冷凍，請先個別用保鮮膜包好，接著放入冷凍保鮮袋或保鮮盒，外面貼上標籤並標好日期，可冷凍保存三個月。在常溫下解凍。

菲達乳酪菠菜馬芬

可口的馬芬無論是當午餐後或野餐點心都非常適合，甚至搭配熱湯也是不錯的選擇。熱呼呼的馬芬配上大量奶油一起吃，也相當美味。你也能依照自己的喜好，把食譜上的菲達起司換成哈羅米起司，切成小塊即可。

〜〜〜〜〜〜〜〜〜〜〜〜〜〜〜〜〜〜〜〜〜〜〜〜〜

|份量：12個|準備時間：20分鐘|烹調時間：25分鐘|

材料

＊250g冷凍菠菜，解凍
＊335g（2¼杯）自發麵粉
＊200g菲達乳酪，壓碎
＊100g（1¼杯）帕瑪森乳酪絲
＊250ml（1杯）牛奶
＊2顆蛋，常溫
＊125g奶油，融化放涼

做法

❶ 烤箱預熱至190℃（375℉）。12孔80ml（⅓杯）馬芬模孔內刷上薄薄一層融化奶油或食用油。

❷ 用雙手盡量擠出菠菜的水分（圖1），切碎。

❸ 麵粉篩入攪拌盆，以現磨黑胡椒粉調味。拌入一半的菲達乳酪和帕瑪森乳酪絲。中央挖出一個大洞。牛奶和蛋倒入液態量杯裡打發，倒入洞中。倒入融化奶油（圖2）。用金屬大湯匙或刮刀以切拌法輕輕拌入，剛好拌勻即可，表面無須滑順。拌入菠菜（不要過度攪拌，否則馬芬會太硬，麵糊應仍有團塊）。

❹ 每個馬芬模孔裝入麵團至四分之三滿。混合剩下的兩種乳酪，撒滿每塊馬芬（圖3）。烘烤25分鐘，或烤到表面金黃、蛋糕測試針插入中央並取出後沒有沾黏。出爐後，馬上用抹刀沿模孔邊緣劃一圈、取出馬芬，移到冷卻架上。趁熱食用。

Tip

放入保鮮盒，可保存兩天。若要冷凍，請先個別用保鮮膜包起，接著放入冷凍保鮮袋或保鮮盒保存，外面貼上標籤並標好日期，可冷凍保存三個月。在常溫下解凍。

Spinach and Feta Muffins

頂層裝飾 Toppings

甜味馬芬和杯子蛋糕最適合加上吸引人的頂層裝飾。這些頂層製作起來既快速又簡單，成品高檔且令人驚豔。這裡所列出的食譜，每一份都可裝飾12個80毫升（⅓杯）馬芬或24個小型杯子蛋糕。

蝴蝶

用小型利刀在杯子蛋糕或馬芬上切出圓錐形，挖出深約1.5公分的洞。洞中倒入1茶匙果醬（草莓、覆盆子、綜合莓果或黑莓都適合），上面再倒一些高脂鮮奶油或發泡鮮奶油。挖出來的圓錐形切半，擺在鮮奶油上，形成蝴蝶的翅膀。撒上薄薄一層糖粉。這些裝飾非常適合用在小朋友的派對上。

榛果焦糖抹醬

150克現成焦糖塊和100毫升動物性鮮奶油倒入小平底鍋中，小火拌至焦糖融化，與鮮奶油融合在一起，形成膏狀。移開火源，拌入15克烤過、去皮的榛果碎塊。靜置在常溫下，放涼到可塗抹的濃稠度。抹上馬芬或杯子蛋糕，撒上另外準備的榛果碎塊。

糖衣

先製作一份糖衣（參見P.22）。糖衣的濃稠度應是可稍微流動，但不至於稀到會快速流動的程度。太稀的話，多加一些糖粉；太稠則多加一些水。用食用色素染成你喜歡的顏色，或維持原本的白色。馬芬或杯子蛋糕放在冷卻架上，舀上糖衣，自然流下蛋糕側邊沒關係。可依喜好加上糖花或撒上糖粉。靜置一旁，待糖衣凝固後，便可食用。

奶油乳酪糖霜

用電動攪拌機打發250克常溫奶油乳酪、60克（½杯）糖粉和1½湯匙檸檬汁至泛白乳化。用抹刀抹在杯子蛋糕或馬芬上，接著撒上椰子絲、椰子片或堅果碎塊。這款頂層裝飾特別適合香蕉馬芬（參見P.158），但請勿在烘烤之前撒上堅果。

巧克力甘納許

200克黑巧克力、80毫升（⅓杯）的動物性鮮奶油和40克奶油倒入隔熱小碗，放在裝有熱水的平底鍋上耐水加熱（勿讓碗底碰到熱水），偶爾攪拌一下，待其融化、變得滑順。冷藏至可塗抹的濃稠度；期間偶爾攪拌。用抹刀抹上杯子蛋糕或馬芬。可依喜好撒上巧克力削（參見P.49）。

熱巧克力淋醬

185毫升（¾杯）動物性鮮奶油、125克黑巧克力碎塊和1茶匙天然香草精倒入小型平底鍋中，小火拌至巧克力融化、材料均勻混合。趁熱淋在剛出爐的原味、巧克力或莓果等口味的杯子蛋糕或馬芬上。加上一球香草冰淇淋，便能搖身一變為奢侈滿點的甜點。

Raspberry-Filled
Scones

Strawberry Shortcakes

Raspberry-Filled
Scones

覆盆子夾心司康

這款點心肯定顛覆你的想像。覆盆子夾心司康會塗好果醬內餡後再烘烤，出爐後，只要準備額外的沾醬，就能帶著走。小朋友通常只要塗上果醬就會吃得很滿足，放進午餐盒是不錯又令人開心的選擇，且不會造成健康負擔，

| 份量：約10塊 | 準備時間：20分鐘 | 烹調時間：12分鐘 |

材料

* 300g（2杯）自發麵粉
* 1撮鹽
* 2湯匙細砂糖
* 30g冰過的奶油，切塊
* 200ml牛奶，另準備適量，刷在司康上
* 2½湯匙覆盆子果醬
* 糖粉，撒在司康上
* 高脂／兩倍鮮奶油，食用前添加

做法

① 烤箱預熱至220℃（425℉）。一個烤盤刷上薄薄一層融化奶油或食用油，接著鋪上不沾烘焙紙。

② 麵粉和鹽過篩到攪拌盆裡，拌入砂糖。手心朝上，用指尖搓入奶油，搓成麵包屑狀。中央挖出一個大洞。

③ 倒入將近全部的牛奶，用平刃刀以切割的動作攪拌，使麵團一塊一塊聚合在一起。拌成一塊柔軟麵團，若有必要，可倒入剩下的牛奶。雙手抹一點點粉，輕輕將麵團揉在一起，放在撒有薄粉的工作檯上，輕輕揉一下麵團，直到形成一塊滑順的球體。

④ 用抹有薄粉的擀麵棍將麵團擀成厚度1cm。一個直徑8cm圓形壓模抹上一層薄粉，切出司康。用指尖在每塊圓形表面壓出凹洞（圖1），放入一些果醬（圖2）。在每塊麵團的側邊刷上薄薄一層另外準備的牛奶，對摺後蓋住果醬、形成半圓形，再捏實邊緣（圖3）。放在烤盤上，每塊間隔約3cm。表面刷上薄薄一層牛奶。

⑤ 烘烤12分鐘，或直到司康膨脹、頂部變金黃色，且輕彈底部聽起來是空心的。趁熱食用，撒上一層糖粉，搭配鮮奶油一起食用。

Tip

完成當天食用完畢，風味最佳。

裸麥丹波麵包

這款麵包做起來方便又快速，適合當午餐吃，搭配湯和燉煮食物一起吃也相當美味。葛縷子讓麵包別有一番風味，也可依個人喜好換成孜然。丹波麵包的質樸風味來自裸麥麵粉。

| 份量：8人份 | 準備時間：15分鐘 | 烹調時間：20分鐘 |

材料

* 225g（1½杯）自發麵粉
* 120g（1杯）裸麥麵粉
* 2茶匙泡打粉
* 1撮鹽
* 30g冰過的奶油，切塊
* 1½茶匙罌粟籽
* 1½茶匙葛縷子
* 250ml（1杯）牛奶，另準備適量，刷在麵包上
* 奶油，食用前添加

做法

① 烤箱預熱至220℃（425℉）。一個烤盤刷上薄薄一層融化奶油或食用油，接著鋪上不沾烘焙紙。

② 麵粉、泡打粉和鹽過篩到攪拌盆裡（圖1）。手心朝上，用指尖搓入奶油，搓成麵包屑狀。兩種種籽拌在一起，先預留2茶匙不用，剩下的倒入麵粉裡。中央挖出一個大洞。

③ 倒入將近全部的牛奶，用平刃刀以切割的動作攪拌，使麵團一塊塊聚合在一起（圖2）。拌成一塊柔軟麵團，若有必要，可倒入剩下的牛奶。

④ 雙手抹一點點粉，輕輕將麵團揉在一起，放在撒有薄粉的工作檯上，輕揉麵團，直到形成一塊滑順球體。接著輕拍成2.5cm厚的圓形麵團，放在烤盤上。用一把抹有薄粉的大型利刀切成八等份，但不可切斷（圖3）。刷上薄薄一層牛奶，撒上先前預留的種籽。

⑤ 烘烤20分鐘，或直到麵包膨脹、頂部變金黃色，且輕彈底部時聽起來是空心的。可趁熱或於常溫時，搭配奶油一起食用。

Tip
完成當天食用完畢，風味最佳。

Seeded Rye Damper

Cornbread

玉米麵包

在小麥取代玉米成為美洲主要的糧食作物之前，玉米麵包一直都是每餐的主食。現在，玉米麵包仍相當受人喜愛，且做法簡單，常搭配湯品、砂鍋菜、烤肉一起享用。

| 份量：8～10人份 | 準備時間：20分鐘 | 烹調時間：20分鐘 |

材料

* 150g（1杯）中筋麵粉
* 2茶匙泡打粉
* 190g（1杯）粗粒玉米粉
* 2湯匙細砂糖
* 1½茶匙鹽
* 80g無鹽奶油，切塊
* 125g切達乳酪，切丁
* 1大根紅辣椒，切塊
* 1顆蛋，常溫，稍微打過
* 250ml（1杯）白脱牛奶
* 奶油，食用前添加（選用）

做法

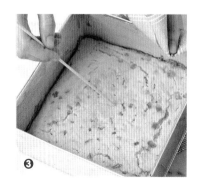

1. 烤箱預熱至200℃（400℉）。一個20cm方形蛋糕模具刷上融化奶油、撒上薄薄一層麵粉。

2. 麵粉和泡打粉過篩到大型攪拌盆裡。拌入粗粒玉米粉、砂糖和鹽。手心朝上，用指尖搓入奶油，搓成麵包屑狀。拌入乳酪和辣椒（圖1）。

3. 打發蛋和白脱牛奶。倒入麵粉中，用金屬大湯匙拌入，剛好拌勻即可（圖2）。麵糊舀入模具中，用湯匙背面抹順表面。

4. 烘烤20分鐘，或烤到表面淺金、蛋糕測試針插入中央並取出後沒有沾黏（圖3）。留在模具中5分鐘，接著倒扣脱膜放在冷卻架上。可趁熱或於常溫時食用，品嘗原味或抹上奶油都可。

Tip
完成當天食用完畢，風味最佳。

墨西哥玉米薄餅

在墨西哥與中南美洲地區，墨西哥玉米薄餅及玉米粽的原料是馬薩玉米麵粉（參見下方Tip），這種麵粉也可用來製作較濃稠的醬料。由於玉米粉和玉米麵粉的製作方式及過程，和一般麵粉截然不同，所以無法以中筋麵粉代替，而且可能要花點功夫才買得到。

| 份量：10片 | 準備時間：15分鐘 | 烹調時間：20～25分鐘 |

材料

* 270g（2杯）墨西哥玉米粉（即溶馬薩玉米麵粉）（參見Tip），另準備適量，加在麵團裡
* ¼茶匙鹽
* 330ml（1⅓杯）溫水

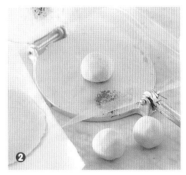

做法

① 馬薩麵粉和鹽倒入大型攪拌盆裡，倒入溫水，用雙手拌勻。

② 工作檯撒上薄薄一層馬薩麵粉。麵團倒出來，揉3～5分鐘，形成一塊滑順濕潤的麵團（圖1）。如果麵團偏乾，多加一點水；偏濕則多加一點馬薩麵粉。

③ 均分成十等份，揉成圓球狀，用略濕的抹布或毛巾蓋住。一個中型或大型密封袋剪開、變成兩個正方形，足以蓋滿表面積為直徑19cm的壓餅機（tortilla press）。

④ 一次壓平一球即可。一個正方形密封袋鋪在壓餅機底部，一顆圓球放在中間（圖2）。用另一個正方形密封袋蓋好，關起壓餅機，將球壓扁。餅皮直徑應為16cm左右。如果沒有壓餅機，可用重的燉菜鍋或炒鍋來壓扁麵團，再用擀麵棍將壓扁的餅皮擀成直徑16cm的圓形。

⑤ 中大火預熱厚底炒鍋（鑄鐵鍋比較好，可使受熱均勻）。煎餅30秒後翻面，再煎1分鐘（圖3）。此時，墨西哥玉米薄餅應會稍稍膨脹。翻面，再煎30秒鐘。餅面應會有點焦焦的。

⑥ 煎好的墨西哥玉米薄餅移到抹布上，將抹布摺起、蓋住薄餅，保持溫熱。剩下麵團比照辦理，煎一塊餅時，可同時壓平下一塊。

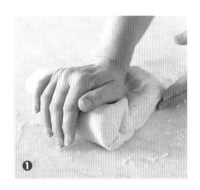

Tip

◆ 馬薩麵粉（masa hariana）是將玉米經過乾燥、烹煮、研磨、再次乾燥等程序而製成的。馬薩麵粉和壓餅機都可在專門廚具店或網路上購得。
◆ 墨西哥玉米薄餅於做好當天食用完畢，風味最佳。

Corn Tortillas

Skillet Bread

煎玉米餅

煎玉米餅是因應特殊需求下的產物，由旅人在只有營火可炊煮時而創造出來的一道料理。這份食譜遵循傳統用平底鍋煎，但嚴格來說其實是烤出來的。搭配辣醬湯等墨西哥菜餚，相當對味。

| 份量：8人份 | 準備時間：20分鐘 | 烹調時間：30分鐘 |

材料

* 190g（1杯）粗粒玉米粉
* 150g（1杯）自發麵粉
* 2茶匙海鹽
* 2顆蛋，稍微打過
* 375ml（1½杯）白脫牛奶
* 100g奶油，軟化

做法

❶ 烤箱預熱至200℃（400℉）。一個附有隔熱握把、直徑26cm×底部20cm×內深6cm的炒鍋放進烤箱。

❷ 同時，粗粒玉米粉、麵粉和海鹽倒入大型攪拌盆裡，全部拌在一起。中央挖出一個大洞（圖1）。一邊慢慢倒入蛋和白脫牛奶、一邊用叉子攪拌、慢慢拌入乾性材料（圖2），拌至變成滑順麵糊。小心不要過度攪拌麵糊，有些團塊沒關係。

❸ 預熱過的炒鍋取出烤箱。倒入奶油，搖晃炒鍋，使奶油沾裹鍋子的底部和側邊（圖3）。有多餘的奶油則倒入麵糊裡拌勻。麵糊倒入炒鍋內，烘烤30分鐘，或至表面金黃、蛋糕測試針插入中央並取出時沒有沾黏。倒到冷卻架上。趁熱食用。

Tip

若想製作乳酪口味的煎玉米餅，可將100g辣味切達乳酪絲和2湯匙牛至碎末，連同粗粒玉米粉、麵粉和鹽混合攪拌。

愛爾蘭蘇打麵包

顧名思義，這款麵包加了小蘇打代替傳統的酵母粉。做法簡單快速又美味可口，廣受喜愛。如果你打算用中筋麵粉或全麥麵粉製作的話，液態食材的份量多寡就要稍做調整。

| 份量：一個直徑20cm麵包 | 準備時間：15分鐘 | 烹調時間：45～50分鐘 |

材料

＊200g（1⅓杯）中筋麵粉　＊200g（1⅓杯）中筋全麥麵粉

＊1茶匙泡打粉　＊1茶匙小蘇打　＊2茶匙鹽

＊60g冰過的無鹽奶油，切塊　＊300ml白脫牛奶

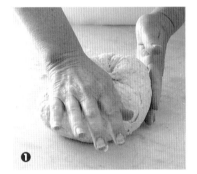

做法

① 烤箱預熱至180℃（350℉）。一個烤盤刷上融化奶油或食用油，撒上麵粉。

② 兩種麵粉、泡打粉、小蘇打和鹽過篩到大型攪拌盆裡，再將全麥麵粉中無法篩進的麩皮倒入攪拌盆。用指尖將奶油搓進材料裡，直到搓成麵包屑般的粉末狀。倒入白脫牛奶，用平刀刀以切割的動作攪拌，形成一塊麵團。

③ 麵團倒在撒有麵粉的工作檯上，揉至表面滑順即可（圖1）。麵團塑成一顆直徑約18cm的球體（圖2），放在烤盤上。用大型利刀在表面深切出十字（圖3）。

④ 烘烤45～50分鐘，或至表面金黃、輕彈底部時聽起來是空心的。移到冷卻架放涼。

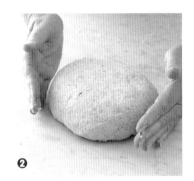

變化版

葡萄乾迷迭香蘇打麵包

搓進奶油後，倒入255g（1½杯）葡萄乾、1湯匙迷迭香碎末和55g（¼杯）細砂糖。

切達乳酪核桃蘇打麵包

搓進奶油後，倒入90g（¾杯）烤過的核桃塊和150g（1½杯，未壓實）切達乳酪絲。

Tip

用保鮮膜包好或放入保鮮盒，可保存三天。放進冷凍保鮮袋，可冷凍保存六星期。

Irish Soda Bread

Yorkshire Puddings

約克夏布丁

對許多人來說，烤牛肉一定要配約克夏布丁。一般會把烤牛肉所產生的油塗在烤模上，或用橄欖油代替。要烤出完美的約克夏布丁並非難事，祕訣在於過程中動作要快，並注意烤箱及烤模的溫度。

| 份量：12個 | 準備時間：10分鐘 | 烹調時間：20分鐘 |

材料

* 60ml（¼杯）橄欖油
* 250ml（1杯）牛奶
* 2顆蛋，稍微打過
* 150g（1杯）中筋麵粉
* 1茶匙海鹽

做法

① 烤箱預熱至200℃（400℉）。12孔80ml（⅓杯）馬芬模孔內均勻塗上橄欖油（圖1）。烤模放入烤箱，加熱10分鐘。

② 同時，牛奶、蛋、麵粉和鹽倒入液態量杯裡，用打蛋器拌在一起（圖2）。馬芬模具取出烤箱，迅速將麵糊平均倒入模孔中（圖3）。烘烤20分鐘，或至布丁表面金黃、膨脹起來。立即食用。

變化版

香草約克夏布丁

2½湯匙細香蔥或歐芹碎末，或是2¼茶匙百里香葉，連同步驟2的材料一起倒入量杯，用打蛋器拌勻。

威爾斯蛋糕

威爾斯蛋糕外表很像司康，不必進烤箱，只要放在平底鍋或鐵鍋上加熱即可。完成後，撒點糖粉或抹奶油吃，十分可口。

〜〜〜〜〜〜〜〜〜〜〜〜〜〜〜〜〜〜〜〜〜〜〜〜〜〜〜〜〜

| 份量：10塊 | 準備時間：20分鐘 | 烹調時間：8分鐘 |

材料

* 260g（1¾杯）自發麵粉
* 75g（⅓杯）細砂糖
* 120g冰過的奶油，切塊
* 1顆蛋，稍微打過
* 約80ml（⅓杯）牛奶
* 75g（½杯）黑醋栗
* 20g奶油，另外準備
* 糖粉或奶油，食用前添加

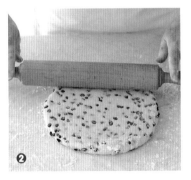

做法

❶ 麵粉過篩到中型攪拌盆裡，拌入砂糖。手心朝上，用指尖搓入奶油，搓成麵包屑狀；搓揉時手舉高，以便搓進空氣。中央挖出一個大洞。倒入蛋和牛奶，用平刃刀以切割的動作攪拌，使麵團一塊塊聚合在一起。

❷ 用雙手持續攪拌，形成一塊柔軟麵團，若有必要，可倒入一些另外準備的牛奶（圖1）。拌入黑醋栗。雙手抹一點點粉，輕輕將麵團揉在一起。麵團放在撒有薄粉的工作檯上，輕揉麵團直到形成一塊滑順的球體。

❸ 用抹有薄粉的擀麵棍將麵團擀成1cm厚（圖2）。一個直徑8cm圓形壓模抹上薄薄一層麵粉，切出圓形麵團。

❹ 另備的奶油取一半倒入大型炒鍋中，以中大火融化。先煎半數圓形麵團，每面煎2分鐘，或表面呈淺金色、蛋糕稍微膨脹（圖3）。移到盤中，保持溫熱。用紙巾擦乾炒鍋，倒入剩下的奶油，像先前一樣煎剩下的圓形麵團。趁熱食用，也可依喜好撒上糖粉或抹上奶油。

Tip

完成當天食用完畢風味最佳，也可放進冷凍保鮮袋中，冷凍保存六星期。

Welsh Cakes

Crumpets

英式小圓煎餅

英式小圓煎餅口感鬆軟如海棉，是英國早餐或下午茶常見的小點心，通常搭配奶油與果醬食用。烘烤之前加入小蘇打讓煎餅外皮出現小洞，為特色之一。

| 份量：約12塊 | 準備時間：25分鐘（＋醒麵1小時） | 烹調時間：44～56分鐘 |

材料

* 250ml（1杯）溫熱牛奶　*2½茶匙細砂糖
* 375ml（1½杯）溫水　*10g（3茶匙）乾酵母
* 450g（3杯）中筋麵粉　*1茶匙鹽
* ½茶匙小蘇打　*20g奶油
* 奶油或藍莓醬，食用前添加

做法

❶ 溫熱牛奶、砂糖和250ml（1杯）的溫水倒入大型攪拌盆或直立式攪拌機的碗裡，拌在一起。撒上酵母，靜置7～8分鐘或大量冒泡為止。

❷ 倒入麵粉和鹽，用木匙或直立式攪拌機的攪拌槳打發3～4分鐘，或直到材料變得滑順、有彈性為止。用保鮮膜封好碗口，在溫暖不通風的地方靜置1小時，或至麵糊明顯膨脹、大量起泡。

❸ 小蘇打拌入剩下的溫水中，接著拌入麵糊。用保鮮膜封好，靜置10分鐘（圖1）。

❹ 烤箱預熱至120℃（235℉）。奶油倒入大型不沾炒鍋中，小火加熱。三、四個10cm煎蛋圈抹油後，放入炒鍋（煎蛋圈數量視炒鍋大小而定）。約80ml（⅓杯）麵糊舀入煎蛋圈中（圖2）。煎餅8～10分鐘，或直到煎餅膨脹、底部色澤變金黃、頂部觸感變乾，並有一些小孔形成（圖3）。

❺ 移開煎蛋圈，將煎餅翻面，再煎3～4分鐘，或直到表面色澤變淺金。移到盤中，稍微用鋁箔紙蓋起，放入預熱好的烤箱中保持溫熱，同時繼續煎剩下的餅。煎新一批的餅前，煎蛋圈必須洗淨、擦乾和抹油。可依喜好，趁熱搭配奶油和果醬一起食用。

Tip

放入保鮮盒、冰在冰箱裡，可保存三天。也可以放進冷凍保鮮袋中，可冷凍保存六星期。食用前放進烤麵包機烤過。

美式蘋果約克夏布丁

此款甜點的英文popover源自麵糊在烘烤過程中會爆（pop）出烤盤頂，就像英式約克夏布丁一樣。鹹味版本可用香料、香草或乳酪調味。烤箱適當預熱將能烤出最佳效果。完成後請盡速食用，否則放久後會消氣、變硬。

| 份量：6人份 | 準備時間：25分鐘 | 烹調時間：18～25分鐘 |

材料

* 75 g無鹽奶油，融化，另準備適量，抹在烤盤上
* 75 g（⅓杯）細砂糖
* 3大顆（約425g）翠玉青蘋果，削皮、去核，切成約1cm小塊
* 1茶匙肉桂粉
* 185 ml（¾杯）牛奶
* 4顆蛋
* 110 g（¾杯）中筋麵粉
* 糖粉和蜂蜜，最後裝飾用

做法

1. 烤箱預熱至220℃（425℉）。一個每孔250ml（1杯）的六孔不沾馬芬模放入烤箱加熱。一半融化奶油與砂糖倒入厚底炒鍋中，以中火加熱攪拌，接著倒入蘋果，翻炒8～10分鐘，或直到蘋果軟化、變淺金色為止；期間不時翻炒（圖1）。拌入肉桂粉。

2. 同時，剩下的奶油和細砂糖、牛奶、蛋和麵粉倒入食物調理機中，攪拌至麵糊變得滑順（圖2）；若有必要，可將碗邊的麵糊刮下攪拌。熱好的馬芬模具取出烤箱，迅速用另外準備的融化奶油抹上六個孔。蘋果均分到模孔中，接著倒入麵糊（圖3）。

3. 烘烤10～15分鐘，或直到布丁膨脹、表面變金黃色；期間請勿打開箱門，否則不會膨起。出爐後立刻脫膜取出，撒上糖粉，搭配分開盛裝的蜂蜜一起食用。

Apple Popovers

Banana Bread

香蕉麵包

一旦開始做這種咖啡廳風格的香蕉麵包後，就會欲罷不能。因為做法簡單（待所有食材融化後再攪拌均勻，放進烤箱），又不拘時段、隨時想吃就吃，且香氣四溢。只要拿捏好香蕉、堅果和紅糖的份量就能做出美味的香蕉麵包。

〜〜〜〜〜〜〜〜〜〜〜〜〜〜〜〜〜〜〜〜〜〜〜〜

| 份量：8～10人份 | 準備時間：20分鐘 | 烹調時間：50分鐘 |

材料

＊335g（2¼杯）中筋麵粉　＊1茶匙泡打粉　＊¼茶匙小蘇打

＊3大根熟香蕉（1根約200g），搗成泥（參見Tip與圖1）

＊2顆蛋，常溫，稍微打過　＊125ml（½杯）植物油

＊220g（1杯，壓實）紅糖　＊2茶匙天然香草精

＊100g剖半胡桃或核桃，大略切塊

做法

① 烤箱預熱至180℃（350°F）。一個10×20cm長條麵包模刷上薄薄一層融化奶油或食用油，並抹上麵粉。

② 麵粉、泡打粉和小蘇打過篩到大型攪拌盆裡。

③ 香蕉泥、蛋、油、紅糖和香草精倒入另一個攪拌盆裡，用叉子拌勻（圖2）。香蕉泥倒入麵粉中，用金屬大湯匙攪拌，剛好拌勻即可。拌入胡桃。麵糊倒入模具中，用湯匙背面抹順表面。

④ 烘烤50分鐘，或蛋糕測試針插入麵包中央並取出後沒有沾黏即可。留在模具中放涼10分鐘，接著倒扣到冷卻架上完全放涼。

變化版

巧克力葡萄乾香蕉麵包

以40g（⅓杯）無糖可可粉取代50g（⅓杯）麵粉。以220g（1杯）細砂糖取代紅糖。以170g（1杯）葡萄乾取代胡桃。加入100g（⅔杯）黑巧克力碎塊。烘烤55～65分鐘。

Tip

◆ 這份食譜需要用到約360g（1½杯）的香蕉泥。

◆ 放入保鮮盒，可保存三天。若要冷凍保存，先用保鮮膜包好，放進保鮮盒或冷凍保鮮袋中，可保存六星期。

Part 5
麵包和酵母麵包

Breads & Rich
Yeast Breads

基本白麵包

想學做麵包，可從最基本的白麵包做起。如果只想做一條白麵包，就把材料減半即可，不過一次做兩條比較省時省力，因為第二條可冷凍保存，日後再食用。

| 份量：兩條2×17.5cm麵包 | 準備時間：35分鐘（＋醒麵2小時15分鐘） | 烹調時間：40分鐘 |

材料

＊310ml（1¼杯）溫水　＊1大撮細砂糖　＊9g（2½茶匙）乾酵母

＊60g奶油，融化　＊250ml（1杯）溫熱牛奶

＊900g（6杯）中筋麵粉　＊2茶匙鹽

做法

❶ 125ml（½杯）的水和砂糖倒入大型攪拌盆裡，拌在一起。撒上酵母，靜置5～6分鐘，或大量冒泡為止（圖1）。

❷ 倒入奶油、牛奶、剩下的水、一半的麵粉和鹽，用木匙拌勻。分次倒入剩下的麵粉，一次倒150g（1杯），拌成一塊粗糙麵團（圖2）。麵團倒在撒有薄粉的工作檯上，揉8～10分鐘，或至觸感滑順、有彈性且相當柔軟；若太黏手，可倒入一些另外準備的麵粉。

❸ 麵團放入稍微抹油的大型攪拌盆裡，翻動麵團以裹上油。用保鮮膜密封盆口，靜置在溫暖不通風的地方1.5小時，或至體積膨脹一倍（圖3）。

❹ 烤箱預熱至200℃（400℉）。兩個8×17.5cm長條麵包模刷上薄薄一層融化奶油或食用油。

❺ 捶擊麵團一下，排出空氣。麵團倒在撒有薄粉的工作檯上，用一把大型利刀對切。一次處理一份，用雙手將麵團輕拍成厚約1.5cm的長方形。像瑞士捲一樣捲起來，放入模具塞好，開口朝下。蓋上濕抹布或毛巾，靜置在溫暖不通風的地方45分鐘，或直到麵團剛好膨脹到模具上緣處。

❻ 用鋸齒利刀或刀片在每條麵包上面劃出3～4條斜線，小心不要讓麵團消氣（參見Tip）。烘烤10分鐘，爐溫降到180℃（350℉），續烤30分鐘，或直到表面呈金黃色、輕彈底部時聽起來是空心的。脫膜放在冷卻架上放涼。

變化版

全麥麵包

使用450g（3杯）中筋麵粉和450g（3杯）中筋全麥麵粉。

Tip

◆ 用利刀俐落地在麵團上劃出斜線，麵團就不會消氣。
◆ 這款麵包可以放進冷凍保鮮袋中，冷凍保存六星期。

Basic White Bread

Four-Seed Bread

綜合穀物麵包

麵團發酵時間的長短完全視周圍溫度而定。溫暖潮濕是最佳的發酵環境，因此天氣溫暖時，發酵時間比較短。天氣乾冷時，可以把麵團放進塑膠袋裡綁緊，製造一個溫暖潮濕的環境以加速發酵。

| 份量：一條直徑20cm麵包 | 準備時間：40分鐘（＋醒麵1～1.5小時） | 烹調時間：25分鐘 |

材料

* 500g（3⅓杯）中筋全麥麵粉 * 1½茶匙鹽 * 350ml溫水
* 7g（2茶匙）乾酵母 * 1湯匙蜂蜜 * 1湯匙橄欖油
* 1½湯匙罌粟籽 * 1½湯匙亞麻籽 * 2湯匙葵花籽
* 40g（¼杯）芝麻粒

做法

① 麵粉和鹽過篩到大型攪拌盆裡。50ml溫水倒入小型攪拌盆裡，倒入酵母，拌至溶解。靜置5～6分鐘或大量冒泡為止。

② 酵母連同蜂蜜、油和剩下的溫水一起倒入麵粉中，用木匙拌成一塊粗糙麵團（圖1）。麵團倒在撒有薄粉的工作檯上，揉5分鐘，或至麵團變得滑順、有彈性。

③ 麵團放回攪拌盆裡，倒入所有種籽，搓揉拌勻（圖2）。麵團倒在撒有薄粉的工作檯上，揉3分鐘，讓種籽平均分布在麵團中（圖3）。

④ 麵團塑成球狀，放入稍微抹油的大型攪拌盆裡，翻動麵團以裹上油。用保鮮膜密封盆口，靜置在溫暖不通風的地方30～45分鐘，或至體積膨脹一倍。

⑤ 捶擊麵團一下，排出空氣，倒在乾淨的工作檯上。麵團塑成直徑約20cm的圓形，放在烤盤上。蓋上濕抹布或毛巾，靜置在溫暖不通風的地方30～45分鐘，或直到體積膨脹幾近一倍。

⑥ 同時，烤箱預熱至220℃（425℉）。烘烤10分鐘後烤盤轉向，確保烘烤均勻。續烤12～15分鐘，或輕彈底部時聽起來是空心的即可。留在烤盤上放涼5分鐘，接著移到冷卻架放涼至常溫。

Tip

放入保鮮袋，可保存二至三天，也可放進冷凍保鮮袋中，冷凍保存八星期。

裸麥麵包

裸麥麵粉的麵筋（麩質蛋白）含量不高，因此需要借助全麥麵粉使麵團更容易發酵。發酵時環境溫度不能太高，否則麵團會黏黏的，影響接下來的步驟。

| 份量：一條15cm麵包 | 準備時間：30分鐘（＋靜置12小時和醒麵1小時45～50分鐘） | 烹調時間：45分鐘 |

材料

* 205g（1⅔杯）裸麥麵粉
* 150g（1杯）中筋全麥麵粉
* 2g（½茶匙）乾酵母
* 2茶匙鹽
* 1½茶匙糖蜜
* 140ml溫水

麵種（Starter）

* 110g（¾杯）中筋全麥麵粉
* 30g（¼杯）裸麥麵粉
* 2g（½茶匙）乾酵母
* ¾茶匙細砂糖
* 250ml（1杯）溫水

做法

❶ 開始製作麵種。所有材料倒入手持式攪拌機的碗裡，用攪拌槳低速攪拌2～3分鐘，或至材料變得滑順（圖1）（也可用雙手攪拌材料，將溫水以外的材料全倒入攪拌盆裡拌勻。接著，一邊以相同速度穩穩地倒入溫水、一邊不停攪拌材料，倒完後再持續大力攪拌3～4分鐘，或至材料變得相當滑順）。用保鮮膜密封盆口，靜置在常溫下12小時。麵糊將會大量冒泡。

❷ 兩種麵粉、酵母、鹽、糖蜜和溫水倒入麵種中，用攪拌槳低速攪拌，拌成一塊粗糙麵團。攪拌槳換成勾狀攪拌頭，拌揉5分鐘，或直到麵團變得滑順且稍黏手（圖2）。如果麵團偏乾，多加一點水；偏濕則多加一點另外準備的麵粉（如果是用雙手攪拌材料，則將所有材料倒入麵種中，用木匙拌成一塊粗糙麵團。倒在撒有薄粉的工作檯上，揉至麵團變滑順、柔軟、稍微黏手）。

❸ 麵團塑成球狀，放入稍微抹油的大型攪拌盆裡，翻動麵團以裹上油。用保鮮膜密封盆口，靜置在常溫下1小時，或直到體積膨脹一倍。

❹ 捶擊麵團一下，排出空氣（圖3）。麵團倒在乾淨的工作檯上。麵團（仍稍微黏手）塑成長約15cm的長條，放入抹過油、9×15cm長條麵包模裡。蓋上抹布或毛巾，靜置在常溫下45～50分鐘，或至體積膨脹幾近一倍。

❺ 烤箱預熱至200℃（400℉）。烘烤45分鐘，或輕彈底部時聽起來是空心的即可。留在模具中放涼5分鐘，接著移到冷卻架放涼至常溫。

Tip

放入保鮮袋，可保存三天，也可以放進冷凍保鮮袋中，冷凍保存六星期。

Rye Bread

Feta and Olive Pull-Apart

菲達乳酪橄欖手撕麵包

把麵團切成長條狀，放在烤盤上，待烘焙出爐後就是美味的手撕麵包了。手撕麵包相當適合帶去野餐，或午、晚餐食用。

| 份量：一條22.5cm麵包 | 準備時間：50分鐘（＋醒麵2.5小時） | 烹調時間：50分鐘 |

材料

＊½份基本白麵包的麵團（參見P.196）

＊80g（½杯）去皮的卡拉瑪塔黑橄欖，大略切塊

＊150g菲達乳酪，壓碎

＊2½湯匙牛至葉，大略切碎

＊1½湯匙橄欖油

做法

❶ 照著基本白麵包的食譜，做到步驟3結束。捶擊麵團一下，排出空氣，麵團倒在撒有薄粉的工作檯上。用擀麵棍將麵團擀成約26×40cm的長方形。長邊面向自己，將一半面積撒滿黑橄欖、菲達乳酪和牛至葉，三邊預留1cm空隙。餡料上淋橄欖油。一個8×22.5cm長條麵包模內刷上橄欖油。

❷ 摺起麵團、包住餡料（圖1），用指尖壓實密封邊緣。用大型利刀將麵團橫向切成十等份（圖2）。一次處理一份麵團，捲起後切面朝下，放入模具（圖3）。推到模邊放好的同時，小心不要掉出太多餡料。繼續整齊放入其他麵團，麵團需緊貼模具。記得撒回掉出的餡料。

❸ 用雙手壓整麵團表面，使所有麵團平整一致，接著蓋上抹布或毛巾。靜置在溫暖不通風的地方1小時，或直到麵團膨脹至模頂。烤箱預熱至180℃（350℉）。

❹ 烘烤50分鐘，或直到麵包完全變金黃色、輕彈底部時聽起來是空心的。留在模具中放涼5分鐘，接著移到烤架。

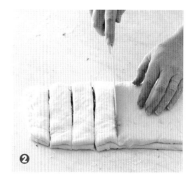

變化版

青醬番茄帕瑪森乳酪手撕麵包

不用黑橄欖、菲達乳酪和牛至葉。麵團擀成長方形，一半面積抹上60g青醬，三邊預留1cm。80g（¾杯）帕瑪森乳酪末和110g（½杯）半乾番茄塊撒在青醬上，接著比照上述做法處理麵團。

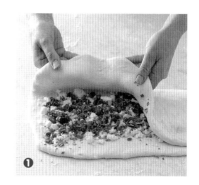

Tip

這款麵包不適合冷凍保存，最好於完成當天食用完畢。

懶人酸種麵包

「真正的」酸種麵包仰賴空氣中的天然酵母來發酵，而非市售酵母，但用天然酵母製作相當費時費力，對居家烘焙者並不方便。這份食譜教你如何用市售酵母來快速做出酸種麵包，效果和天然酵母發酵麵包差不多。

〜〜〜〜〜〜〜〜〜〜〜〜〜〜〜〜〜〜

| 份量：一條35cm麵包 | 準備時間：30分鐘（＋靜置12小時和醒麵2小時45～50分鐘） | 烹調時間：35分鐘 |

材料

＊185g（1¼杯）中筋麵粉，另準備適量，撒在麵團上
＊70g（½杯）中筋全麥麵粉　＊2g（½茶匙）乾酵母
＊1½茶匙鹽　＊80ml（⅓杯）溫水

麵種

＊150g（1杯）中筋麵粉　＊50g（⅓杯）中筋全麥麵粉
＊2g（½茶匙）乾酵母　＊1茶匙細砂糖　＊250ml（1杯）溫水

做法

❶ 開始製作麵種。所有材料倒入手持式攪拌機的碗裡，用攪拌槳低速攪拌2～3分鐘，或至材料變得滑順（圖1）。（也可用雙手攪拌材料，將溫水以外的材料全倒入攪拌盆裡拌勻。接著，一邊以相同速度穩穩地倒入溫水、一邊不停攪拌材料，倒完後再持續大力攪拌3～4分鐘，或至材料變得相當滑順。）用保鮮膜密封盆口，靜置在常溫下12小時。麵糊將會大量冒泡。

❷ 兩種麵粉、酵母、鹽和溫水倒入麵種中，用攪拌槳低速攪拌，拌成一塊粗糙麵團。攪拌槳換成勾狀攪拌頭，拌揉5分鐘，或至麵團滑順且稍黏手。如果麵團偏乾，多加一點水；偏濕則多加一點另外準備的麵粉（如果是用雙手攪拌材料，則將所有材料倒入麵種中，用木匙拌成一塊粗糙麵團。倒在撒有薄粉的工作檯上，揉至麵團滑順、柔軟、稍微黏手）。

❸ 麵團塑成球狀，放入稍微抹油的大型攪拌盆裡，翻動麵團以裹上油。用保鮮膜密封盆口，靜置在常溫下（參見Tip）1小時，或待體積膨脹一倍。捶擊麵團一下，排出空氣。用保鮮膜密封盆口，靜置在常溫下1小時，或至體積膨脹一倍。

❹ 捶擊麵團一下。倒在撒有薄粉的工作檯上，將麵團輕拍成約30cm的方形。像瑞士捲一樣捲起來，接著用雙手輕輕塑成長約35cm的長條橢圓形（圖2）。放在鋪有不沾烘焙紙的烤盤上，蓋上抹布或毛巾，靜置在常溫下45～50分鐘，或待體積膨脹幾近一倍。

❺ 同時，烤箱預熱至240℃（475℉）或最高溫。用刀片或利刀在麵團表面劃出3～4條斜線（圖3），撒上麵粉。烘烤10分鐘，爐溫降到180℃（350℉），續烤25分鐘，或直到輕彈底部時聽起來是空心的。移到冷卻架放涼。

Tip

✦ 這款麵包需要花點時間才能呈現特殊風味，因此不用置於溫暖環境、加速醒麵過程。
✦ 放入保鮮袋，可保存三天，也可以放進冷凍保鮮袋中，冷凍保存兩個月。

Cheats' Sourdough

Focaccia

佛卡夏

看到佛卡夏，就會想到位於義大利西北地區的利古里亞（Liguria），又名義屬里維耶拉（Italian Riviera）。佛卡夏在當地是一種點心，用來搭配主餐，也可切開後填充餡料，做成三明治食用。簡單版的佛卡夏表面只淋上橄欖油保持濕潤，再撒上海鹽便可享用。

| 份量：一條22×36cm麵包 | 準備時間：30分鐘（＋醒麵1小時） | 烹調時間：25～30分鐘 |

材料
＊1大撮細砂糖 ＊500ml（2杯）溫水 ＊9g（2½茶匙）乾酵母
＊50ml橄欖油，另準備適量，淋在麵團上
＊730g中筋麵粉 ＊3茶匙鹽 ＊海鹽和迷迭香葉，撒在麵團上

做法

❶ 砂糖和250ml（1杯）溫水倒入大型攪拌盆裡，拌在一起。撒上酵母，靜置5～6分鐘，或大量冒泡為止。倒入剩下的溫水和橄欖油，用木匙拌入三分之一的麵粉和鹽，拌至滑順即可。慢慢倒入剩下的麵粉，拌到拌不動為止。接著改用雙手攪拌。麵團觸感應十分柔軟（不見得會用上所有麵粉）。

❷ 麵團倒在撒有薄粉的工作檯上，揉7～8分鐘，或至觸感滑順且非常有彈性。麵團放入稍微抹油的大型攪拌盆裡，翻動麵團以裹上油。用保鮮膜密封盆口，靜置在溫暖不通風的地方1小時，或至體積膨脹一倍。

❸ 烤箱預熱至220℃（425℉）。一個22×36cm烤盤刷上食用油。捶擊麵團一下，排出空氣，接著放在烤盤上。用雙手將麵團均勻壓平鋪滿烤盤（圖1）。用指尖在表面戳滿深洞（圖2）。淋上另外準備的橄欖油（圖3），撒上海鹽和迷迭香。

❹ 烘烤25～30分鐘，或表面呈金黃色、完全熟透為止。移到冷卻架放涼。

變化版

綠橄欖牛至佛卡夏
不用海鹽和迷迭香。用指尖在麵團戳洞後，將215g填滿鯷魚醬的綠橄欖壓進去。淋上橄欖油，接著撒上2茶匙的乾牛至。

馬鈴薯鼠尾草佩克里諾乳酪佛卡夏
不用迷迭香。125g（1¼杯）佩克里諾乳酪末和麵粉一起倒入麵團中。淋上橄欖油、撒上海鹽前，先洗淨300g 小馬鈴薯仔（手指馬鈴薯），切成極薄片並鋪滿麵團。

Tip
佛卡夏於完成當天食用完畢，風味最佳。也可放進冷凍保鮮袋中，冷凍保存四星期。

印度烤餅

水滴形狀的印度烤餅不但能增加食物的風味,以前還能代替叉子及刀子,當成勺子使用。印度烤餅的正統做法是將烤餅貼在陶製烤窯壁上,利用極高溫將烤餅烤熟,或是用烤爐烘烤後的瞬間高溫來烤熟烤餅,也是不錯的方法。

~~~~~~

|份量:一個6×25cm烤餅|準備時間:45分鐘(+醒麵1小時)|烹調時間:15分鐘|

材料

* 150ml微溫牛奶 * 2茶匙細砂糖 * 7g(2茶匙)乾酵母 * 1茶匙鹽
* 450g(3杯)中筋麵粉 * 1茶匙泡打粉 * 150g原味優格 * 1顆蛋,稍微打過
* 2湯匙植物油,另準備適量,刷在模具上

做法

① 牛奶和砂糖倒入小型攪拌盆裡,拌在一起。撒上酵母,靜置5~6分鐘或大量冒泡。

② 麵粉、鹽和泡打粉過篩到大型攪拌盆裡。倒入酵母、油、優格和蛋。用木匙拌成一塊粗糙麵團。

③ 麵團倒在撒有薄粉的工作檯上,揉10分鐘,或揉至觸感滑順有彈性。麵團塑成球狀,放入抹油的攪拌盆裡,翻動麵團以裹上油。用保鮮膜密封盆口,靜置在溫暖不通風的地方1小時,或直到體積膨脹一倍。

④ 烤箱預熱至240℃(475℉)。一個厚底大型烤盤放進烤箱裡預熱。如果你的烤箱具有獨立上火燒烤烤箱(broiler),也請一併高溫預熱。

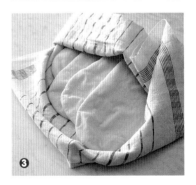

⑤ 捶擊麵團一下,排出空氣,均分成六等份。每一份都揉成球狀,放在稍微抹油的烤盤上,用保鮮膜包住(圖1)。一次處理一球,在撒有薄粉的工作檯上,用擀麵棍將麵團擀成長約25cm、寬約13cm的橢圓形(圖2)。

⑥ 烤盤取出烤箱,迅速甩上兩張印度烤餅。馬上放回烤箱,烘烤3分鐘,或至烤餅膨脹。移到一條大抹布或大毛巾上包好,以保持溫熱(圖3)。剩餘烤餅比照辦理。

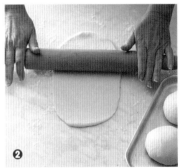

⑦ 如果你的烤箱沒有獨立上火燒烤烤箱,將烤箱設為上火燒烤模式,用最高溫預熱;如果有獨立上火燒烤烤箱,就使用方才預熱好的即可。每張烤餅放在離上火約10cm處,每面都燒烤40~45秒,烤至微焦即可。

變化版

香菜大蒜印度烤餅

麵團分成12顆球。一次處理兩球,每球 成長約25cm的橢圓形餅皮。一張烤餅撒上用一顆蒜瓣壓成的蒜末和1湯匙香菜碎末。用另一張蓋住,邊緣壓實、封住裡面的餡料。照上述做法烘烤。

乳酪印度烤餅

麵團分成12顆球。一次處理兩球,每球擀成長約25cm的橢圓形餅皮。一張烤餅撒上1湯匙切達乳酪絲後,用另一張蓋住,邊緣壓實、封住裡面的乳酪。照上述做法烘烤。

Tip

印度烤餅於完成當天食用,風味最佳。也可放進冷凍保鮮袋中,冷凍保存八星期;欲食用時,以鋁箔紙包好,送進預熱至150℃(300℉)的烤箱烘烤5分鐘。

Naan

Calzone

義大利披薩餃

義大利披薩餃源自自義大利那不勒斯，外觀就像對摺的比薩。義大利文的意思是「長褲」，因為披薩餃看起來就像男生長褲的褲腳，故得名。

| 份量：4塊 | 準備時間：25分鐘（＋醒麵1小時） | 烹調時間：15分鐘 |

材料

＊1份披薩麵團（參見P.220） ＊蔬菜沙拉，一起搭配食用

內餡

＊200g莫札瑞拉乳酪，切成薄片 ＊200g切片火腿，去掉硬皮

＊2顆羅馬番茄，切成薄片 ＊1小把羅勒葉，撕碎

做法

① 烤箱預熱至240℃（475℉），兩個烤盤刷上薄薄一層融化奶油或食用油。按照披薩麵團的做法，做到步驟2結束，接著捶擊麵團一下，排出空氣。均分成四等份，揉成球狀。一次處理一球，在撒有薄粉的工作檯上，用擀麵棍將麵團擀成直徑約22cm的圓形（圖1）。

② 乳酪、火腿、番茄和羅勒均分到每份麵團上，撒滿一半的圓形，邊緣預留1cm空隙（圖2）。輕輕在空隙刷上水。摺起未鋪料的麵團、蓋住餡料，形成半圓形。用指尖用力壓實密封邊緣（圖3）。放在抹油的烤盤上。

③ 烘烤15分鐘，或餃皮呈金黃色；中途交換烤盤位置。趁熱搭配蔬菜沙拉一起食用。

變化版

蘑菇披薩餃

不用上述夾餡材料。60ml（¼杯）橄欖油倒入大型炒鍋中，以中火加熱。倒入1顆洋蔥的碎末、3片壓碎的蒜瓣和450g野生蘑菇塊，煮8～10分鐘，或材料軟化、多餘液體蒸發為止；期間不時翻炒。拌入2½茶匙的百里香葉末和125g（1杯）莫札瑞拉乳酪絲。用海鹽和現磨黑胡椒粉，依個人喜好調味。靜置放涼。用來取代原食譜上的夾餡。

瑞可達乳酪菠菜披薩餃

不用上述夾餡材料。1½湯匙橄欖油倒入大型平底鍋中，以中火加熱。倒入1顆洋蔥的碎末和2片壓碎的蒜瓣，煮5分鐘，或材料軟化為止。倒入40g（¼杯）黑醋栗和3條切碎的鯷魚。再煮1～2分鐘，期間不時翻炒，接著倒入250g小菠菜葉。蓋起鍋蓋煮3分鐘，或煮至菠菜縮水；期間偶爾翻炒。用海鹽和現磨黑胡椒粉，依個人喜好調味。靜置放涼。用來取代原食譜上的夾餡。摺起麵團前，每顆披薩餃再另外撒上60g（¼杯）壓碎的新鮮瑞可達硬質乳酪和2湯匙的帕瑪森或佩克里諾乳酪末。

Gozleme

土耳其燒餅

這種燒餅形狀扁平,在土耳其是常見的點心。當地人用名為oklava的擀麵棍擀完麵團後,再把麵團放進大型煎盤(griddle)煎,即可完成美味的土耳其燒餅。

〜〜〜〜〜〜〜〜〜〜〜〜〜〜〜〜〜〜〜〜〜〜〜〜

| 份量:4片 | 準備時間:40分鐘(+醒麵30分鐘) | 烹調時間:16～24分鐘 |

材料

＊1茶匙細砂糖 ＊125ml(½杯)溫水 ＊9g(2½茶匙)乾酵母
＊450g(3杯)中筋麵粉 ＊½茶匙鹽 ＊160ml(⅔杯)微溫牛奶
＊1湯匙橄欖油 ＊1大顆黃洋蔥,切成薄片 ＊2片蒜瓣,壓碎
＊1茶匙西班牙紅辣椒粉(paprika,甜味)
＊¼茶匙卡宴紅辣椒粉(cayenne,辣味)
＊100g小菠菜葉,大略切塊 ＊2湯匙薄荷末
＊100g新鮮瑞可達硬質乳酪 ＊200g菲達乳酪,壓碎
＊檸檬片,食用前添加

做法

① 砂糖和溫水倒入小型攪拌盆裡,拌在一起。撒上酵母,靜置7～8分鐘或大量冒泡為止。

② 麵粉和鹽過篩到大型攪拌盆裡。中央挖出一個大洞,倒入酵母和微溫牛奶。用平刃刀以切割的動作慢慢攪拌,拌成一塊粗糙麵團。倒在撒有薄粉的工作檯上,揉至觸感滑順有彈性。麵團放入抹油的大型攪拌盆裡,翻動以裹上油。用保鮮膜密封盆口,靜置在溫暖不通風的地方30分鐘。

③ 同時,橄欖油倒入大型炒鍋中,以中大火加熱。倒入洋蔥,煮5分鐘,期間不時翻炒;倒入大蒜、兩種辣椒粉,煮1分鐘,或香味四溢為止;倒入菠菜,煮2分鐘,或煮至菠菜縮水,期間偶爾翻炒。鍋內食材倒入攪拌盆裡,再倒入薄荷拌勻。放涼至常溫。

④ 瑞可達乳酪和菲達乳酪倒入另一個攪拌盆裡,拌在一起。麵團均分成四等份。一次處理一份,在撒有薄粉的工作檯上,用擀麵棍將麵團擀成25×35cm、約3mm厚的長方形餅皮。四分之一的菠菜撒滿一半的長方形,預留1cm邊界。菠菜上撒上四分之一的乳酪(圖1)。摺起餅皮、蓋住餡料(圖2),壓實密封邊緣。

⑤ 以中火預熱一個大型不沾炒鍋或烤肉盤。刷上薄薄一層油。一次煎一片土耳其燒餅(圖3),每面煎2～3分鐘,或煎至完全熟透。移到餐盤上,切成四份,馬上搭配檸檬片一起食用。

Tip

另一種經典土耳其燒餅的內餡則是撒上綿羊或山羊乳酪的馬鈴薯泥,一樣美味。另外雖非傳統吃法,但搭配薄荷葉也很棒。

巴布卡蛋糕

〜〜〜〜〜〜〜〜〜〜〜〜〜〜〜〜〜〜〜〜〜〜〜〜〜〜

｜份量：2個｜準備時間：40分鐘（＋醒麵1小時40分鐘和放涼）｜烹調時間：35分鐘｜

材料

＊200ml微溫牛奶 ＊10g（3茶匙）乾酵母 ＊75g（⅓杯）細砂糖

＊4顆蛋黃，常溫 ＊2顆蛋，常溫 ＊2茶匙天然香草精

＊600g（4杯）中筋麵粉，過篩 ＊½茶匙鹽 ＊200g無鹽奶油，軟化

＊1½份糖衣（參見P.22） ＊玫瑰粉色食用色素（選用）

杏仁夾餡

＊250g杏仁膏，切塊 ＊100g（1杯）杏仁粉

＊50g無鹽奶油，軟化 ＊1顆蛋，常溫

做法

❶ 牛奶、酵母和1大撮砂糖倒入小型攪拌盆裡，拌在一起。靜置5〜6分鐘或大量冒泡為止。

❷ 酵母、剩餘砂糖、蛋黃、蛋和香草精倒入直立式攪拌機的碗裡，低速打發拌勻。慢慢倒入450g（3杯）麵粉和鹽，打發至材料變得滑順。倒入奶油，一次一點點，和剩下的麵粉一起輪流打發，打成一塊柔軟麵團。倒在撒有薄粉的工作檯上，揉5分鐘，或揉至觸感滑順有彈性。麵團放回攪拌盆裡，用保鮮膜密封盆口，靜置在溫暖不通風的地方50分鐘，或至體積膨脹一倍。

❸ 兩個1L（4杯）小型咕咕霍夫模內刷上融化奶油或食用油，稍微撒粉。

❹ 捶擊麵團一下，排出空氣，接著倒在撒有薄粉的工作檯上，均分成兩份。

❺ 開始製作杏仁夾餡，所有材料倒入攪拌盆裡，用電動攪拌機打發2〜3分鐘至餡料滑順為止。

❻ 用抹有薄粉的擀麵棍將一份麵團擀成約25×40cm的長方形（圖1）。抹上一半的夾餡，預留2.5cm邊界。從長邊開始緊緊捲起來（圖2）。剩下的麵團和夾餡比照辦理。

❼ 麵團放入模具，兩端捏合（圖3）。用雙手輕壓，使麵團平整一致。蓋上抹布或毛巾，靜置在溫暖不通風的地方45〜50分鐘，或麵團膨脹到模頂為止。

❽ 烤箱預熱至180℃（350℉）。烘烤35分鐘，或插入蛋糕測試針並取出後沒有沾黏為止；如果上色太快，可在上頭放一張鋁箔紙。留在模具中10分鐘，接著移至冷卻架放涼。

❾ 糖霜滴入幾滴食用色素，淋上放涼的蛋糕，靜置凝固。

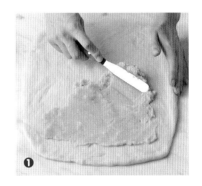

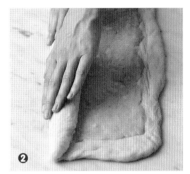

Tip

◆ 可將材料減半，只做一個巴布卡蛋糕。

◆ 沒有咕咕霍夫模的話，也可使用10×20cm的長條麵包模烘烤。

◆ 沒有淋上糖霜的蛋糕，以保鮮膜包好或放進冷凍保鮮袋中，可冷凍保存一個月。

Babka

Sticky Pecan Buns

胡桃小圓麵包

這款麵包加了焦糖和胡桃，味道香甜、風味十足，無須另外抹醬或加其他配料，就能讓人一口接一口停不下來。很適合帶去野餐，或放在午餐盒裡當點心。

| 份量：24塊 | 準備時間：1小時（＋醒麵1.5小時） | 烹調時間：15～18分鐘 |

材料

* 700g（4⅔杯）中筋麵粉　* 1茶匙鹽　* 60g冰過的奶油，切丁
* 110g（½杯）細砂糖　* 14g（1湯匙）乾酵母
* 375ml（1½杯）微溫牛奶，另準備1湯匙，刷在麵包上
* 1顆蛋，常溫，稍微打過　* 75g奶油，另外準備，融化
* 165g（¾杯，壓實）黑糖　* 175g（½杯）蜂蜜
* 115g（1杯）剖半胡桃，大略切塊

做法

❶ 麵粉和鹽過篩到大型攪拌盆裡。用指尖將奶油搓進材料裡，搓成麵包屑般的粉末狀。拌入砂糖和酵母。中央挖出一個大洞，倒入牛奶和蛋。攪拌材料，慢慢混入周圍的麵粉，拌成一塊柔軟麵團。倒在撒有薄粉的工作檯上，揉5分鐘，或至觸感滑順有彈性。麵團塑成球狀，放入抹油的大型攪拌盆裡，翻動以裹上油。

❷ 蓋上抹布或毛巾，靜置在溫暖不通風的地方1小時10分鐘，或至體積膨脹一倍（圖1）。

❸ 同時，融化奶油、黑糖和蜂蜜倒入中型攪拌盆裡，拌在一起。倒入一個24×29cm烤模中，撒上胡桃（圖2）。

❹ 烤箱預熱至200℃（400℉）。

❺ 麵團倒在撒有薄粉的工作檯上，揉到觸感滑順。可能須撒上更多麵粉，甚至多達35g（¼杯）。麵團應柔軟而不黏手。均分成24等份，揉成球狀。放在烤盤上，平滑面朝下（圖3）。蓋上布，靜置在溫暖不通風的地方20分鐘，或至體積膨脹一倍。

❻ 刷上另外準備的牛奶。烘烤15～18分鐘，或烤至表面金黃，輕彈頂部時聽起來是空心的。留在模具中5分鐘，接著取出（參見Tip）。趁熱或於常溫時食用。

Tip

◦ 取出小圓麵包時，黏黏的刷液會沾滿整顆麵包。
◦ 於完成當天食用完畢，風味最佳。

辮子麵包

| 份量：2條 | 準備時間：40分鐘（＋醒麵2小時） | 烹調時間：35～40分鐘 |

材料

＊125ml（½杯）溫水　＊55g（¼杯）細砂糖　＊14g（1湯匙）乾酵母

＊90g（¼杯）蜂蜜　＊100g奶油，融化放涼　＊4顆蛋黃

＊3顆蛋，常溫　＊675g（4½杯）中筋麵粉　＊2½茶匙鹽　＊1茶匙罌粟籽

做法

1. 溫水和1撮砂糖倒入直立式攪拌機的碗裡，拌在一起。撒上酵母，靜置5～6分鐘或大量冒泡為止。倒入剩下的砂糖、蜂蜜、奶油、蛋黃和2顆蛋，用攪拌槳打發均勻。

2. 倒入一半的麵粉和鹽，低速攪拌至變得滑順。換成勾狀攪拌頭，接著慢慢倒入剩下的麵粉，低速拌揉8分鐘，或至麵團變得滑順有彈性。

3. 用保鮮膜密封碗口，靜置在溫暖不通風的地方1小時，或至體積膨脹一倍。一個大型烤盤上鋪好不沾烘焙紙。

4. 捶擊麵團一下，排出空氣，接著倒在撒有薄粉的工作檯上，揉1分鐘，或至觸感滑順且非常有彈性。麵團分成兩半，其中一半均分成三等份。用雙手將三份小麵團揉成約36cm長的圓條（圖1）。三條圓條靠在一起，接著壓緊其中一端、使三個頭黏合。編成一條緊緊的辮子（圖2），接著壓緊黏合末端。放在烤盤上。剩下的麵團比照辦理。

5. 攪打剩下的蛋，蛋液刷上麵包條。撒上罌粟籽（圖3）。蓋上抹布或毛巾，靜置在溫暖不通風的地方1小時，或至麵包膨脹（但不會膨脹一倍之多）。

6. 烤箱預熱至180℃（350℉）。烘烤35～40分鐘，或烤至表面金黃、完全熟透；烤30分鐘後，表面放一張鋁箔紙，避免過度上色。出爐後移到冷卻架放涼。辮子麵包可與鹹菜一起搭配食用。

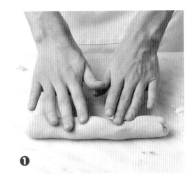

Tip

◆ 步驟2結束後，也可冷藏麵團一整晚，讓麵團慢慢膨脹。冰過的麵團比較好塑形，但第二次膨脹會花較長時間（長達2小時）。

◆ 以保鮮膜包好，可保存兩天。也可放進冷凍保鮮袋或保鮮盒中，冷凍保存六星期。在常溫下解凍。

Challah

咕咕霍夫蛋糕

據說像咕咕霍夫蛋糕這種配料豐富、以天然發酵做成的蛋糕，都深受法國皇后瑪麗‧安托瓦內特喜愛，因此咕咕霍夫蛋糕在法國廣受歡迎，尤其是阿爾薩斯地區的人對這種蛋糕更是情有獨鐘。他們認為咕咕霍夫蛋糕放置一段時間後，風味更佳，所以會在前一晚做好，隔天才食用。

| 份量：12～14人份 | 準備時間：30分鐘（＋醒麵2.5小時） | 烹調時間：45分鐘 |

材料

＊13顆去皮杏仁　＊85g（½杯）葡萄乾　＊60ml（¼杯）櫻桃白蘭地

＊500g（3⅓杯）中筋麵粉　＊1茶匙鹽　＊150g冰過的奶油，切丁

＊110g（½杯）細砂糖　＊10g（3茶匙）乾酵母

＊185ml（¾杯）微溫牛奶　＊2顆蛋，常溫，稍微打過

＊2茶匙檸檬皮末　＊糖粉，撒在蛋糕上

做法

① 一個2.5L（10杯）、直徑14cm的咕咕霍夫模內刷上融化奶油。杏仁放進模中溝槽。

② 葡萄乾和櫻桃白蘭地倒入小型攪拌盆裡，拌在一起，靜置一旁。

③ 麵粉和鹽過篩到大型攪拌盆裡。奶油搓進材料裡，搓成麵包屑般的粉末狀。再拌入砂糖和酵母。中央挖出一個大洞，倒入牛奶和蛋。攪拌蛋奶糊，慢慢混入周圍的麵粉，拌成一塊柔軟麵團。倒在撒有薄粉的工作檯上，揉5～10分鐘，或揉至麵團滑順有彈性。塑成球狀，放入抹油的攪拌盆裡，翻動麵團以裹上油。

④ 蓋上抹布或毛巾，靜置在溫暖不通風的地方1.5小時，或至體積膨脹一倍（圖1）。

⑤ 麵團倒在撒有薄粉的工作檯上。倒入葡萄乾和檸檬皮末，揉勻（圖2）。可能會用到更多麵粉，甚至多達75g（½杯），才能使麵團柔軟而不黏手。麵團揉成圓條狀，長度足以塞滿模具即可。圓條麵團小心放入模具（圖3），往下輕壓，使麵團平整一致。蓋上抹布，靜置在溫暖不通風的地方1小時，或至體積膨脹一倍。烤箱預熱至180℃（350℉）。

⑥ 烘烤45分鐘，或烤至表面金黃、插入蛋糕測試針並取出時沒有沾黏。取出烤箱，倒扣脫模放在冷卻架放涼。食用前，撒上糖粉。

Kugelhopf

Orange, Cardamom
and Plum Jam Brioche

柳橙蜜李布里歐許

柳橙蜜李布里歐許源自北歐，材料組合乃當地人的發想，口感豐富而美味，當早餐或早午餐都相當適合。早期維京人會在俄羅斯河岸邊用商品向當地人換取香料，換來的白荳蔻就成了他們喜愛的烘焙原料。

| 份量：16塊 | 準備時間：45分鐘（＋醒麵3～3.5小時） | 烹調時間：20分鐘 |

材料

＊675g（4½杯）中筋麵粉 ＊14g（1湯匙）乾酵母

＊75g（⅓杯）細砂糖 ＊2茶匙鹽

＊125ml（½杯）溫水 ＊2顆柳橙皮末

＊6顆蛋，常溫 ＊230g無鹽奶油，切塊軟化

＊2½茶匙白荳蔻粉 ＊125g（½杯）李子果醬或櫻桃果醬

＊1顆蛋黃，加2茶匙水一起打散 ＊50g（½杯）杏仁片

做法

❶ 150g（1杯）麵粉、酵母、糖、鹽和溫水倒入直立式攪拌機的碗裡，拌在一起，中速打發2～3分鐘，打至麵糊非常滑順。打入柳橙皮末。分次倒入蛋，一次一顆，每次倒入後都要打發均勻。轉為低速，慢慢倒入300g（2杯）麵粉，打至滑順。

❷ 倒入奶油，一次一些即可，每次倒入後都要打發均勻。倒入所有的奶油、麵糊變得十分滑順後，倒入剩下的麵粉和白荳蔻，打發直到材料變得滑順均勻。麵團觸感應柔軟且非常有彈性。

❸ 碗邊的麵糊刮下來攪拌，以保鮮膜密封碗口，靜置在溫暖不通風的地方1.5小時，或至體積膨脹一倍。用木匙輕戳麵團，使其消氣。再次以保鮮膜包好，靜置常溫1～1.5小時，或至體積幾乎又膨脹一倍（也可用保鮮膜封住碗口，冷藏12小時）。

❹ 使用兩個12孔、每孔185ml（¾杯）的馬芬模，其中16個模孔鋪上襯紙杯。捶擊麵團一下，排出空氣。麵團倒在乾淨的工作檯上，用大型利刀將麵團均分成16等份。揉成球狀。

❺ 一次處理一球，用手指在麵團上戳個凹洞，沿凹洞邊緣捏塑，形成一個空腔（圖1）。1茶匙李子或櫻桃果醬倒入洞中（圖2），接著塑形麵團，包住夾餡，形成一顆圓球（圖3）。每球放入馬芬模孔中，接合處朝下。靜置於常溫下30分鐘膨脹。

❻ 烤箱預熱至180℃（350℉）。刷上蛋黃，接著撒上杏仁片。烘烤20分鐘，或烤至表面金黃。

Tip

◆ 可將材料減半，只做八塊布里歐許。

◆ 這款布里歐許於完成當天食用完畢，風味最佳。也可用保鮮膜包好或放進冷凍保鮮袋中，冷凍保存六星期。

巧克力肉桂巴布卡蛋糕

| 份量：2個 | 準備時間：40分鐘（＋醒麵1.5小時～1小時40分鐘）| 烹調時間：35分鐘 |

材料
＊200ml微溫牛奶　＊75g（⅓杯）細砂糖　＊10g（3茶匙）乾酵母
＊4顆蛋黃，常溫　＊2顆蛋，常溫　＊2茶匙天然香草精
＊600g（4杯）中筋麵粉　＊½茶匙鹽　＊200g無鹽奶油，切塊軟化

夾餡
＊110g（½杯，壓實）紅糖　＊30g（¼杯）無糖可可粉，過篩
＊1茶匙肉桂粉　＊75g奶油，軟化　＊100g黑巧克力，切小碎塊

糖霜
＊280g（2¼杯）糖粉，過篩　＊30g無鹽奶油

做法
① 溫牛奶和1大撮砂糖倒入小型攪拌盆裡，拌在一起。撒上酵母，靜置5～6分鐘或大量冒泡為止。

② 酵母、剩下的砂糖、蛋黃、蛋和香草精倒入大型攪拌盆裡。用電動攪拌機低速打勻。慢慢倒入450g（3杯）麵粉和鹽，打發至材料變得滑順。倒入奶油，一次一些即可，和剩下的麵粉一起輪流打發，打成一塊柔軟麵團。倒在撒有薄粉的工作檯上，揉5分鐘，或揉至麵團滑順有彈性。麵團放回攪拌盆裡，用保鮮膜密封盆口，靜置在溫暖不通風的地方50分鐘，或至體積膨脹一倍。

③ 兩個直徑16cm咕咕霍夫模內刷上融化奶油或食用油，稍微撒粉。

④ 捶擊麵團，接著倒在撒有薄粉的工作檯上，均分成兩份。

⑤ 開始製作夾餡。所有材料倒入攪拌盆裡，拌在一起。

⑥ 一次處理一份麵團。在撒有薄粉的工作檯上，用擀麵棍將麵團擀成25×40cm的長方形。一半麵皮撒滿一半夾餡，三邊預留2.5cm邊界（圖1）。長邊面向自己，像捲瑞士捲一樣緊緊捲起來，形成一個圓條（圖2）。

⑦ 圓條放入模具，兩端捏合（圖3）。用雙手輕壓，使麵團平整一致。蓋上抹布或毛巾，靜置在溫暖不通風的地方45～50分鐘，或直到麵團膨脹到模頂。

⑧ 烤箱預熱至180℃（350℉）。烘烤35分鐘，或插入蛋糕測試針並取出時沒有沾黏；上頭可放一張鋁箔紙，以免上色太快。靜置10分鐘，接著倒扣脫模在冷卻架上放涼。

⑨ 開始製作糖霜。糖粉、奶油和1½湯匙水倒入隔熱小碗，放在裝有熱水的平底鍋上隔水加熱（勿讓碗底碰到熱水）。拌至糖霜色澤光滑、質地滑順。淋上蛋糕，凝固後再食用。

Tip
◆ 步驟2結束後，也可冷藏麵團一整晚，讓麵團慢慢膨脹。冰過的麵團比較好塑形，但第二次膨脹會花較長時間（長達2小時）。
◆ 以保鮮膜包好，可保存兩天。也可放進冷凍保鮮袋或放入保鮮盒中，冷凍保存六星期。在常溫下解凍。

Chocolate and Cinnamon Babka

Lemon and Apricot Savarin

檸檬杏桃圓形蛋糕

這款蛋糕營養豐富，食用前泡進萊姆酒糖漿或櫻桃白蘭地糖漿裡，接著在蛋糕頂端擠上大量發泡鮮奶油即可。製作靈感源自巴布卡蛋糕和咕咕霍夫蛋糕。而這份食譜則加了檸檬及義大利南方的檸檬酒，更添風味。

| 份量：一個直徑22cm蛋糕 | 準備時間：30分鐘（＋浸泡1小時和醒麵1小時40分鐘） | 烹調時間：25分鐘 |

材料

＊7g（2茶匙）乾酵母　＊2½湯匙細砂糖　＊60ml（¼杯）溫熱牛奶

＊2顆蛋，打過　＊1顆檸檬皮末

＊150g（1杯）中筋麵粉，過篩　＊½茶匙鹽　＊60g無鹽奶油，軟化

＊100g整顆杏桃乾，浸泡滾水中1小時　＊發泡鮮奶油，食用前添加

糖漿

＊350g細砂糖　＊80ml（⅓杯）現榨檸檬汁，濾掉殘渣

＊2湯匙檸檬利口酒、白蘭地或琴酒

做法

① 酵母、砂糖和牛奶倒入直立式攪拌機的碗裡，拌在一起，靜置4～5分鐘，或至酵母軟化。倒入蛋，接著用攪拌棒拌勻（圖1）。一邊低速打發、一邊倒入檸檬皮末、麵粉和鹽，倒完後繼續打發5～6分鐘，或麵糊滑順有彈性為止。用保鮮膜密封碗口，靜置在溫暖不通風的地方1小時，或直到麵糊起泡膨脹（體積不會膨脹一倍）。

② 慢慢倒入奶油，同時持續用攪拌棒攪拌，直到材料變得滑順、奶油完全融入。一個1L（4杯）、22cm圓形蛋糕模內刷上融化奶油或食用油、撒粉。用帶孔湯勺小心將杏桃取出滾水，放在模具中，彼此稍微重疊。刷上泡過杏桃的水。舀入麵糊（圖2），蓋上微濕的抹布或毛巾，靜置在溫暖不通風的地方40分鐘，或至麵團膨脹到模頂。

③ 烤箱預熱至180℃（350℉）。烘烤25分鐘，或蛋糕測試針插入中央、取出後沒有沾黏。

④ 同時開始製作糖漿。砂糖和310ml（1¼杯）的水倒入平底鍋中，以中小火烹煮。慢慢煮沸，滾5分鐘，或至砂糖溶解。移開火源，拌入檸檬汁和檸檬利口酒、白蘭地或琴酒。

⑤ 用蛋糕測試針在熱騰騰的蛋糕表面戳洞，淋上一些溫熱的糖漿（圖3）。糖漿吸收進蛋糕後，再倒一些，直到所有糖漿都被蛋糕吸收。蛋糕小心脫模取出到盤子上放涼。搭配鮮奶油一起食用。

變化版

葡萄乾蘭姆酒圓形蛋糕

不用杏桃和檸檬皮末。75g（½杯）黑醋栗倒入麵糊中。糖漿所使用的水減至275ml。不用檸檬汁和檸檬利口酒、白蘭地或琴酒。糖漿放涼，拌入125ml（½杯）蘭姆酒。

Tip

● 放入保鮮盒，可保存三天。

● 這款蛋糕所使用的圓形蛋糕模是一種圓底的中空淺模，可在專門廚具店購得。

德式耶誕麵包

德式耶誕麵包質地細密，裡面的食材有傳統耶誕節會吃的果乾、柑橘類水果的皮末、綜合果皮以及杏仁。這種麵包源自德國，但做法因地區而異。最著名的是德勒斯登地區的耶誕麵包，加入了杏仁膏讓麵包有種獨特的風味，但你也可以選擇不加。

| 份量：一條35cm麵包 | 準備時間：1小時（＋隔夜浸泡和醒麵3小時15分鐘）| 烹調時間：50分鐘 |

材料

* 120g（⅔杯）葡萄乾 * 105g（⅔杯）黑醋栗
* 55g（⅓杯）綜合果皮（各種柑橘類水果的糖漬果皮）
* 80g（½杯）去皮杏仁，切塊 * 40ml蘭姆酒或白蘭地 * 2湯匙溫水
* 55g（¼杯）細砂糖 * 7g（2茶匙）乾酵母 * 125ml（½杯）微溫牛奶
* 335g（2¼杯）中筋麵粉 * 1茶匙檸檬皮末 * 1茶匙柳橙皮末
* 2顆蛋黃，稍微打過 * 1茶匙天然香草精 * 60g奶油，融化放涼
* ½茶匙鹽 * 200g杏仁膏（參見Tip）* 1顆蛋，加1湯匙水一起打散
* 1½湯匙奶油，融化，另外準備 * 約40g（⅓杯）糖粉

做法

1. 兩種果乾、綜合果皮杏仁和蘭姆酒或白蘭地倒入攪拌盆裡，拌在一起，以保鮮膜蓋好，靜置在常溫下一晚。

2. 溫水和1撮砂糖拌在一起，撒上酵母，靜置5～6分鐘或大量冒泡為止。倒入牛奶和150g（1杯）的麵粉，拌至滑順。用保鮮膜密封盆口，靜置在溫暖不通風的地方30分鐘，或至麵糊開始起泡。

3. 麵糊倒入直立式攪拌機的碗裡，倒入兩種水果皮末、蛋黃、香草精、剩下的細砂糖和奶油，用攪拌槳拌勻。換成勾狀攪拌頭，接著倒入剩下的麵粉和鹽，低速拌揉10分鐘，或至麵團變得滑順有彈性。用保鮮膜密封盆口，靜置在溫暖不通風的地方2小時，或體積膨脹一倍。

4. 捶擊麵團，接著切成六等份。倒入果乾，用勾狀攪拌頭低速拌揉6～7分鐘，或攪拌均勻即可。麵團倒在撒有薄粉的工作檯上。

5. 雙手與擀麵棍並用，將麵團擀壓成長約32cm、最寬處約24cm的橢圓形，兩端稍尖（圖1）。杏仁膏揉成長約30cm的圓條。麵團邊緣刷上蛋液。杏仁膏放在中央（圖2），接著摺起兩邊、蓋住杏仁膏條（兩邊麵團會稍微重疊）。大力捏緊接口處（圖3）。捏緊兩端。放在鋪有不沾烘焙紙的烤盤上，蓋上抹布或毛巾，靜置在溫暖不通風的地方45分鐘，或至麵團膨脹。

6. 烤箱預熱至180℃（350℉）。烘烤50分鐘，或蛋糕測試針插入並取出後沒有沾黏；上頭放一張鋁箔紙，以免上色太快。刷上薄薄一層奶油、撒上厚厚一層糖粉，接著放涼。

Tip

* 杏仁膏可在超市購得。杏仁糊和杏仁膏不同，無法做出預期的成品。
* 放入保鮮盒，可保存兩星期。

Stollen

巧克力蜜李麵包條

美味十足的巧克力蜜李麵包條上撒了許多新鮮的瑞可達乳酪，讓人欲罷不能。如果你想做出柑橘風味的麵包條，可以把蜜李換成較黏的大顆葡萄乾，並在把麵粉、可可粉和鹽放入麵團時，再加入一顆柳橙所磨成的柳橙皮末即可。

| 份量：兩條2×22cm麵包 | 準備時間：40分鐘（＋醒麵2.5小時）| 烹調時間：45分鐘 |

材料

＊80ml（⅓杯）溫熱水　＊55g（¼杯）細砂糖　＊7g（2茶匙）乾酵母

＊125ml（½杯）牛奶　＊25g無鹽奶油，切塊軟化　＊1顆蛋，稍微打過

＊1茶匙天然香草精　＊2½湯匙荷蘭無糖可可粉（參見Tip）

＊1茶匙鹽　＊300g（2杯）中筋麵粉　＊75g黑巧克力，切塊

＊200g（1杯）去核蜜李，剖半　＊糖粉，撒在麵包上

做法

❶ 溫熱水和1撮砂糖倒入大型攪拌盆裡，拌在一起。撒上酵母，靜置7～8分鐘或大量冒泡為止。

❷ 同時，牛奶、剩下的砂糖和奶油倒入小型平底鍋中，中小火攪拌2～3分鐘，使糖溶解。靜置放涼至微溫，接著倒入酵母、蛋和香草精，拌勻。

❸ 過篩可可粉、鹽和麵粉，倒入酵母中。用木匙攪拌至材料開始黏合、形成一塊柔軟粗糙麵團。倒在撒有薄粉的工作檯上，揉6～7分鐘，或揉至觸感滑順有彈性；若太黏手，可倒入一些另外準備的麵粉。小心不要倒入太多麵粉，否則麵包會太厚實。

❹ 麵團放入稍微抹油的攪拌盆裡，翻動以裹上油。用保鮮膜密封盆口，靜置在溫暖不通風的地方1.5小時，或至體積膨脹一倍。

❺ 捶擊麵團一下，排出空氣，接著倒在撒有薄粉的工作檯上，均分成兩等份。一次處理一份，用擀麵棍擀成約18×28cm的長方形麵皮（圖1）。麵皮轉向，短邊朝向自己，一半麵皮撒滿一半巧克力（圖2）和蜜李，預留2cm邊界。像瑞士捲一樣捲起麵團，接著輕輕將圓條揉成約22cm長（圖3），厚度大略一致。放在稍微抹油的烤盤上，蓋上抹布或毛巾，靜置1小時，或至麵團膨脹（體積不會膨脹一倍）。

❻ 烤箱預熱至180℃（350℉）。用大型利刀或刀片在每份圓條上面劃出4～5條斜線，小心不要讓麵團消氣。烘烤40分鐘，或輕彈麵包底部時聽起來是空心的。移到冷卻架放涼。食用前，撒上糖粉。

Tip

◆ 荷蘭可可粉經過鹼化處理，可中和苦味，降低酸性，且較易溶解。
◆ 這款麵包於完成當天食用完畢，風味最佳。也可放進冷凍保鮮袋中，冷凍保存六星期。

Chocolate and Prune Loaf

水果麵包

水果麵包口感相當豐富，食材包含杏桃、梨子、水蜜桃、蔓越莓、核桃、香料、柳橙皮末等。除了上述食材之外，不妨試試放入葡萄乾、無花果或榛果等，也是不錯的選擇。

| 份量：一條直徑24cm麵包 | 準備時間：45分鐘（＋醒麵3～4小時） | 烹調時間：45～50分鐘 |

材料

＊90g（¼杯）蜂蜜　＊185ml（¾杯）溫水　＊9g（2½茶匙）乾酵母

＊200g（1⅓杯）中筋麵粉　＊200g（1⅓杯）中筋全麥麵粉　＊1茶匙鹽

＊2茶匙肉桂粉　＊¼茶匙丁香粉　＊1顆蛋，稍微打過

＊1顆柳橙皮末　＊100g（¾杯）杏桃乾，大略切塊

＊100g（¾杯）洋梨乾，大略切塊　＊100g（¾杯）甜桃乾，大略切塊

＊105g（⅝杯）蔓越莓乾　＊125g（1杯）核桃，大略切塊

＊1顆蛋黃，加2½茶匙水一起打散　＊40g（¼杯）罌粟籽

做法

① 蜂蜜和溫水倒入直立式攪拌機的碗裡，拌在一起。撒上酵母，靜置5～6分鐘或大量冒泡為止。

② 倒入麵粉、鹽、肉桂粉、丁香粉、蛋和柳橙皮末。用勾狀攪拌頭拌揉8分鐘，或揉至麵團有彈性且稍微黏手。用保鮮膜密封碗口，靜置在溫暖不通風的地方1.5～2小時，或至體積膨脹一倍。

③ 捶擊麵團一下，排出空氣。用平刃刀將碗裡的麵團切成五到六塊。倒入果乾和核桃（圖1）。用勾狀攪拌頭低速拌揉5～6分鐘，或至果乾和核桃均勻融入麵團。

④ 麵團倒在撒有薄粉的工作檯上，塑成直徑約18cm、稍微扁平的圓盤狀（圖2）。

⑤ 一個烤盤刷上融化奶油或食用油。麵團整塊刷上蛋液，撒上罌粟籽。放在烤盤上，蓋上抹布或毛巾，靜置在溫暖不通風的地方1.5～2小時，或至麵團膨脹（圖3）。（體積不會膨脹一倍。）

⑥ 烤箱預熱至180℃（350℉）。烘烤45～50分鐘，或至輕彈底部聽起來是空心時。移到冷卻架放涼。

Tip

以保鮮膜緊密包好或放入保鮮盒，可保存三天。也可放進冷凍保鮮袋中，冷凍保存六星期。

Fruit Bread

Hot Cross Buns

十字餐包

十六世紀時，英國法律規定烘焙師傅只能在特定節日製作綜合香料做的麵包，如復活節假期的耶穌受難日（Good Friday）。十字麵包具有象徵意義，熱騰騰賣出時就如一首英文童謠歌詞所描述：「一分錢、兩分錢，熱騰騰、圓餐包。」如想做出雙倍份量，只要材料加倍既可。

| 份量：8塊 | 準備時間：50分鐘（＋醒麵3小時15分鐘） | 烹調時間：22分鐘 |

材料

＊80g細砂糖 ＊60ml（¼杯）溫熱水 ＊7g（2茶匙）乾酵母

＊125ml（½杯）微溫牛奶 ＊35g奶油，融化 ＊410g（2¾杯）中筋麵粉

＊2茶匙肉桂粉 ＊½茶匙肉荳蔻粉 ＊¼茶匙丁香粉 ＊1茶匙鹽

＊105g（⅔杯）黑醋栗 ＊120g（⅔杯）葡萄乾

＊40g（¼杯）綜合果皮（各種柑橘類水果的糖漬果皮）

＊1顆蛋，打過 ＊1茶匙天然香草精

裝飾

＊2湯匙中筋麵粉 ＊115g（⅓杯）杏桃果醬

做法

❶ 1撮砂糖和溫熱水倒入大型攪拌盆裡，拌在一起。撒上酵母，靜置7～8分鐘或大量冒泡為止。倒入一半牛奶、一半融化奶油和110g（¾杯）麵粉，拌至麵糊變得滑順均勻。用保鮮膜密封盆口，靜置在溫暖不通風的地方45分鐘，或至麵糊體積膨脹一倍。

❷ 倒入剩下的砂糖、全部的香料、鹽、兩種果乾和綜合果皮，拌在一起。和蛋、香草精、剩下的牛奶和奶油一起拌入酵母。倒入剩下的麵粉，拌成一塊粗糙麵團。倒在撒有薄粉的工作檯上，揉5～6分鐘，或揉至麵團柔軟、滑順有彈性。

❸ 麵團放入稍微抹油的攪拌盆裡，翻動以裹上油。用保鮮膜密封盆口，靜置在溫暖不通風的地方1小時，或至體積膨脹一倍。

❹ 捶擊麵團一下，排出空氣，接著倒到乾淨的工作檯上，用大型利刀切成八等份。一個烤盤刷上融化奶油或食用油。每份麵團揉成球狀（圖1），放在烤盤上。蓋上抹布或毛巾，靜置在溫暖不通風的地方1.5小時，或至體積膨脹幾近一倍。

❺ 烤箱預熱至180℃（350℉）。開始製作裝飾部分。麵粉和2½湯匙水，或份量足以形成濃稠麵糊的水拌在一起，用木匙打發至滑順。小型擠花袋裝入小型平緣擠花嘴，接著倒入麵糊，在餐包上擠出十字（圖2）。烘烤20分鐘，或蛋糕測試針插入中央並取出時沒有沾黏。移到冷卻架放涼。

❻ 果醬和2湯匙水倒入小型平底鍋中，小火持續攪拌1～2分鐘，或至果醬變溫熱均勻。倒入網篩過濾至另一個容器中，接著用麵團刷將果醬刷上麵包（圖3）。

Tip

完成當天食用完畢，風味最佳。也可在未刷上果醬前，放進冷凍保鮮袋中，冷凍保存六星期。

Part 6 派和塔
Pies & Tarts

番茄茴香青醬鹹塔

這種迷你鹹塔可以直接用手拿著吃,相當適合派對場合。羅勒青醬有剩的話,可以淋在義大利麵上,再放幾片烤過的小番茄,或是搭配炭烤雞肉或羊肉,又是一道佳餚了。

〜〜〜〜〜〜〜〜〜〜〜〜〜〜〜〜〜〜〜〜〜〜〜〜〜〜〜

│份量:24塊│準備時間:25分鐘(+冷藏15分鐘)│烹調時間:23分鐘│

材料

*1份帕瑪森基本餅皮(參見P.25) *1湯匙橄欖油
*1顆中型茴香球莖,去梗,切成薄片 *75g(¾杯,未壓實)切達乳酪絲
*2顆蛋 *160ml(⅔杯)動物性鮮奶油
*80ml(⅓杯)牛奶 *12顆聖女小番茄,切半

羅勒青醬

*55g(2杯,壓實)羅勒葉 *2片蒜瓣,大略切塊
*40g(¼杯)松子,烤過 *35g(⅓杯)帕瑪森乳酪末
*125ml(½杯)橄欖油

做法

❶ 兩個12孔(40ml/2湯匙)平底小蛋糕模刷上融化食用油或奶油。基本餅皮均分成兩份,在撒有薄粉的工作檯上揉成厚3mm。用直徑6.5cm的圓形壓模切出圓形,壓進模孔,用叉子在表面戳滿洞。剩餘餅皮比照辦理,直到鋪滿模孔。以保鮮膜密封,冷藏15分鐘。

❷ 烤箱預熱至200℃(400℉)。

❸ 橄欖油倒入大型炒鍋中,以中大火加熱。倒入茴香,翻炒4~5分鐘,或至表面變淺金、軟化(圖1);期間不時翻炒。茴香和乳酪均分到模孔中。

❹ 蛋、鮮奶油和牛奶倒入小型攪拌盆裡打發均勻。用鹽和現磨黑胡椒粉調味。倒入液態量杯中,均分到模孔中。每個上面擺一片切半的聖女小番茄(圖2)。

❺ 烘烤18分鐘,或烤到餡料剛好凝固。靜置5分鐘,再移出烤盤。

❻ 同時開始製作羅勒青醬。羅勒、蒜瓣、松子和帕瑪森乳酪一起用食物調理機攪拌至幾近滑順。不要關掉開關,以相同速度穩穩地慢慢倒入橄欖油,拌至濃稠均勻(圖3)。用鹽和現磨黑胡椒粉調味。

❼ 趁熱或於常溫時淋上一些青醬食用。

Tip

放入保鮮盒,可冷藏保存兩天。重新加熱前,請放回烤盤,用預熱至180℃(350℉)的烤箱烘烤5~8分鐘。

Tomato and Fennel Quiches
with Basil Pesto

Silverbeet Pie

銀甜菜鹹派

這款鹹派很像菠菜鹹派，是希臘常見的點心。派皮不必自己做，製作過程快速，很適合帶去野餐。

| 份量：8人份 | 準備時間：20分鐘 | 烹調時間：1.5小時 |

材料

＊1湯匙橄欖油　＊2根青蔥，切成薄片

＊1把（約545g）銀甜菜，去梗，切成薄片

＊2湯匙蒔蘿，切小碎塊　＊1湯匙薄荷，切小碎塊

＊2茶匙檸檬皮末　＊310g（1⅓杯）新鮮瑞可達硬質乳酪

＊4顆蛋，稍微打過　＊200g（1½杯）菲達乳酪，壓碎

＊10張薄片餅皮　＊100g奶油，融化　＊檸檬片，食用前添加

做法

❶ 橄欖油倒入大型炒鍋，以中火加熱。倒入青蔥，煮5分鐘；期間偶爾翻炒一下。倒入銀甜菜，蓋起鍋蓋煮3分鐘，或銀甜菜縮水為止。倒入濾碗濾乾，完全放涼。用雙手在濾碗中盡量擠乾水分。

❷ 蒔蘿、薄荷、檸檬皮末、瑞可達乳酪和蛋倒入攪拌盆裡，拌在一起。倒入銀甜菜步驟1的菜和菲達乳酪，用鹽和現磨的黑胡椒粉調味。拌勻。

❸ 烤箱預熱至180℃（350℉）。一張薄片餅皮放在乾淨的工作檯上，剩下的薄片包在濕抹布或毛巾中，避免乾掉。餅皮上刷上一些融化奶油，接著蓋上另一張薄片。剩餘薄片比照辦理，總共疊成兩堆，每堆五張。橫向切開兩堆餅皮，切成六個寬13cm的長方形（圖1）。

❹ 一個直徑22cm圓形活動式扣環模的底部與側邊刷上融化奶油或食用油。薄片餅皮鋪滿底部和側邊，超出模邊也沒關係（圖2）。

❺ 餡料倒入模中。摺起超出模邊的薄片，蓋住餡料（圖3）。刷上剩下的融化奶油。烘烤1小時20分鐘，或至完全熟透。留在模具中放涼至少10分鐘再取出。趁熱或於常溫時搭配檸檬片食用。

Tip

這款鹹派於完成當天食用完畢，風味最佳。

獨享牛肉派

~~~~~~

| 份量：4塊 | 準備時間：45分鐘（＋冷藏30分鐘） | 烹調時間：3小時5～10分鐘 |

材料

＊2湯匙中筋麵粉 ＊600g牛肩頸肉，切成約1cm小塊 ＊60ml（¼杯）橄欖油

＊4顆黃洋蔥，切成薄片 ＊1條中型紅蘿蔔，切小碎塊

＊1根芹菜梗，切小碎塊 ＊2片蒜瓣，壓碎 ＊1茶匙細砂糖

＊125ml（½杯）紅酒 ＊500ml（2杯）牛肉高湯 ＊200g褐色蘑菇，切成四片

＊1份基本餅皮（參見PP.24～25） ＊1顆蛋，稍微打過

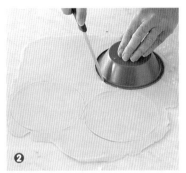

做法

❶ 麵粉倒入大型攪拌盆裡。用海鹽和現磨黑胡椒粉調味。倒入牛肉，裹上麵粉，用掉多餘的粉末。

❷ 1湯匙橄欖油倒入大型厚底耐火砂鍋中，以中大火加熱。倒入一半的牛肉，煮5分鐘，或煮到變褐色；期間不時翻炒。牛肉倒進盤中。剩餘牛肉比照辦理，若有需要，可多倒一些橄欖油。

❸ 剩下的橄欖油再倒一半到砂鍋中加熱。倒入洋蔥、紅蘿蔔和芹菜，中火煮10～12分鐘，或煮至蔬菜軟化；期間偶爾翻炒一下。倒入蒜瓣和砂糖，煮30秒；期間不時翻炒。

❹ 倒入紅酒，煮沸。轉小火，不蓋鍋蓋，沸煮2分鐘，或至水分稍微收乾。牛肉和高湯一起倒回鍋中煮沸，接著將火轉小，蓋上鍋蓋，沸煮1小時。掀開鍋蓋，再煮1小時，或煮到牛肉非常柔軟、湯汁濃稠。

❺ 同時，剩下的橄欖油倒入炒鍋中，以中大火加熱。倒入蘑菇，煮約5分鐘，或整朵變褐色；期間不時翻炒。倒入牛肉中拌勻。倒入攪拌盆裡，放涼至常溫。

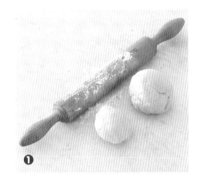

❻ 烤箱預熱至180℃（350℉）。餅皮分成兩份，一份的體積為另一份的兩倍（圖1）。小份餅皮放在撒有薄粉的工作檯上，用抹有薄粉的擀麵棍擀成3mm厚。用一個直徑11cm、底部7.5cm的派模切出四個圓形（圖2）。

❼ 大份餅皮均分成四等份，在撒有薄粉的工作檯上擀成直徑15cm的圓形餅皮。記得不要擀過頭，否則餅皮會太軟。每份圓形餅皮小心地放進派模裡，用指尖壓進底部和側邊。擀麵棍擀過模具頂部，除去多餘餅皮。

❽ 牛肉均分到模具中（圖3）。餅皮上緣刷上一些蛋液。小份餅皮擀出的圓形放在上面，蓋住牛肉餡料，用抹有薄粉的叉子壓實密合兩份餅皮的邊緣。用小型利刀在餅皮蓋上劃出兩道開口。頂部刷上薄薄一層蛋液，烘烤40分鐘，或烤至表面金黃。靜置10分鐘，稍微放涼，接著取出模具。趁熱食用。

Tip

牛肉派於完成當天食用完畢，風味最佳。如果不小心烤太多，可放進冷凍保鮮袋中，冷凍保存兩個月。
食用前先放進冷藏室解凍一整晚，再用預熱至180℃（350℉）的烤箱重新加熱，烘烤20～25分鐘。

Individual Meat Pies

Quiche Lorraine

洛林鹹派

洛林鹹派源自法國洛林，主要內餡是蛋。傳統的洛林鹹派除了蛋以外，還會加上培根和起士，熟悉做法後，可依自己的喜好變換口味。不妨先試試這份鹹派食譜，再加進你喜歡的食材吧！

| 份量：4～6人份 | 準備時間：30分鐘（＋冷藏45分鐘）| 烹調時間：1小時 |

材料

＊1份基本餅皮（參見PP.24～25） ＊2茶匙橄欖油

＊1顆黃洋蔥，切小碎塊 ＊4條培根薄片，切除外皮，切小碎塊

＊50g（½杯，未壓實）格呂耶赫乳酪絲（guyére）

＊¼杯細香蔥，剪碎 ＊3顆蛋 ＊250ml（1杯）動物性鮮奶油

＊125ml（½杯）牛奶

做法

1. 餅皮夾在兩張不沾烘焙紙中間，擀成厚4mm的圓盤。用擀麵棍捲起餅皮，小心地將圓盤放進深3.5cm、直徑24cm、底部可拆卸的花邊塔模裡，用指尖壓進邊緣（參見P.28）。用擀麵棍擀過模具頂部，去除多餘的餅皮。以保鮮膜密封模口，放進冰箱靜置15分鐘。

2. 烤箱預熱至200℃（400℉）。塔模放在烤盤上。餅皮鋪上不沾烘焙紙，裝滿烘焙石（乾燥豆子或米粒也可）。烘烤10分鐘，接著取出烘焙石和烘焙紙。續烤10分鐘，或餅皮變淺金、剛好熟透。

3. 同時，橄欖油倒入炒鍋中，以中火加熱。倒入洋蔥和培根，煎3～5分鐘，或培根外皮變酥脆為止；期間不時翻炒。培根移到紙巾上瀝油，靜置放涼（圖1）。

4. 爐溫降至180℃（350℉）。餅皮上撒滿培根、乳酪和細香蔥（圖2）。蛋倒入中型液態量杯裡打發，接著打入鮮奶油和牛奶。蛋奶糊倒入餅皮中（圖3）。烘烤35～40分鐘，或餡料剛好凝固即可。取出烤箱，留在模具中5分鐘，接著脫模。趁熱或於常溫時切塊食用。

變化版

義大利培根筍瓜鹹派

使用1份香草餅皮（參見P.25）。150g義大利培根切成薄長條，取代一般培根。2小顆筍瓜切成薄片，和義大利培根、洋蔥一起煮6～8分鐘。以切達乳酪取代格呂耶赫乳酪。以羅勒碎末取代細香蔥。

菠菜菲達乳酪鹹派

使用1份帕瑪森乳酪餅皮（參見P.25）。拿掉培根。150g小菠菜葉和1湯匙檸檬汁倒入煮熟的洋蔥裡，再煮1～2分鐘，或至菠菜縮水。以100g壓碎的菲達乳酪和50g（½杯）帕瑪森乳酪末取代格呂耶赫乳酪。

Tip

放入保鮮盒，可冷藏保存兩天。

尼斯洋蔥塔

〰〰〰〰〰〰〰〰〰〰〰〰〰〰〰〰〰

│ 份量：4～6人份 │ 準備時間：30分鐘（＋放涼30分鐘）│ 烹調時間：40～45分鐘 │

材料

＊60ml（¼杯）橄欖油

＊1kg黃洋蔥，剖半，切成薄片

＊½茶匙鹽

＊4張（25×25cm）擀好的冷凍千層酥皮，解凍

＊1顆蛋，稍微打過

＊20～30條鯷魚，縱向剖半

＊95g（½杯）卡拉瑪塔黑橄欖，去核切半

＊10枝百里香

做法

❶ 用中小火加熱一個大型厚底炒鍋。倒入橄欖油、洋蔥和鹽，煮20～25
分鐘，或洋蔥軟化、變深褐色（焦糖化）（圖1）；期間時時翻炒。
倒入攪拌盆裡，靜置30分鐘，或放涼至常溫。

❷ 烤箱預熱至220℃（425℉）。兩個烤盤上鋪好不沾烘焙紙。

❸ 每個烤盤上擺上一張餅皮。刷上薄薄一層蛋液（圖2），接著再蓋上
一張餅皮。

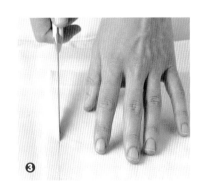

❹ 用一把非常利的刀在餅皮四周劃出1cm邊界，只切斷上層餅皮即可
（圖3）。

❺ 洋蔥均分到兩張餅皮上，鋪成厚度平均的一層餡料，不要超出邊界。
以格子狀擺上鯷魚。撒上剖半的黑橄欖。摘下百里香的葉子，撒在上
頭。餅皮邊界刷上薄薄一層蛋液。

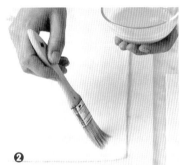

❻ 烘烤20分鐘，或至餅皮膨脹、表面金黃。趁熱或於常溫時食用。

Tip

可依個人喜好，使用一塊375g現成千層酥皮。在撒有薄粉的工作檯上，用抹
有薄粉的擀麵棍將餅皮擀成25×40cm、厚4mm的餅皮。切半之後，放在烤盤
上，冷藏15分鐘，或冰至餅皮變硬。請勿刷上蛋液。用刀劃出邊界時，表層
切開，但不要切斷。

Pissaladière

Caramelised Tomato Tart

焦糖番茄塔

將番茄去皮、去籽似乎是最稀鬆平常的事，但這兩步驟卻是讓番茄料理更加美味的關鍵。焦糖番茄塔外觀高雅，充滿夏日的味道，當晚宴主菜肯定賓主盡歡。

〜〜〜〜〜〜〜〜〜〜〜〜〜〜〜〜〜〜〜〜〜〜〜〜〜〜〜〜〜〜

| 份量：6～8人份 | 準備時間：55分鐘（＋冷藏50分鐘和放涼15分鐘）| 烹調時間：1小時 |

材料

＊1份基本餅皮（參見PP.24～25）　＊50g（½杯）帕瑪森乳酪末
＊9顆（約1kg）成熟羅馬番茄　＊30g奶油　＊1湯匙紅糖
＊1湯匙義大利黑醋　＊1顆蛋黃，稍微打過　＊數枝馬郁蘭葉，最後裝飾用

做法

① 按照步驟製作基本餅皮，搓進奶油後，倒入帕瑪森乳酪。

② 每顆番茄的底部劃出一個小十字形。一個裝滿水的大型平底鍋煮到沸騰。倒入番茄，約煮30秒，或果皮和果肉開始分離為止。番茄瀝乾，用冷水沖。撕下果皮，切半。用小湯匙小心地將種籽和汁液刮進攪拌盆裡，留下中央的果肉，因為這片果肉有助番茄維持形狀完整（圖1）。種籽和汁液倒入細網篩中，篩入小型液態量杯裡。丟掉固體物，只保留汁液。

③ 奶油倒入一個大型炒鍋中，以中火加熱融化。倒入紅糖和黑醋，煮1分鐘；期間不時翻炒。倒入剖半的番茄，煮1～2分鐘，或至稍微軟化；期間小心翻面一次。取出炒鍋，靜置完全放涼。番茄汁液倒入鍋中，煮到沸騰。轉小火，不蓋鍋蓋，沸煮2分鐘，或至汁液收乾一半（圖2）。倒入小型量杯中。

④ 同時，在撒有薄粉的工作檯上，用抹有薄粉的擀麵棍將餅皮擀成約16×42cm的長方形。用擀麵棍捲起餅皮，小心地將餅皮放進12×35cm、深2cm、底部可拆卸的花邊塔模裡，用指尖壓進底部和側邊（參見P.28）。用擀麵棍擀過模具，擀掉多餘的餅皮，接著冷藏20分鐘。

⑤ 烤箱預熱至200℃（400℉）。餅皮鋪上不沾烘焙紙，裝滿烘焙石（乾燥豆子或生米也可）。烘烤20分鐘，爐溫降至180℃（350℉），取出烘焙紙和烘焙石。餅皮底部刷上蛋黃。

⑥ 餅皮放回烤箱，續烤10分鐘，或烤到底部金黃、變乾為止。番茄整齊排進餅皮，切口朝下（圖3）。排得越緊，成果越佳，因為番茄烤過會塌陷一點。

⑦ 烘烤20分鐘，或至餅皮完全熟透。留在模具中放涼15分鐘。加熱番茄汁液。食用前，淋上番茄汁、撒上馬郁蘭。

Tip

完成當天食用完畢，風味最佳。

迷你明蝦酪梨塔

這道點心之所以特別，在於只要烤好塔皮，就差不多大功告成了。剩下的食材無須烹煮，上桌前再放上去即可。

| 份量：48塊 | 準備時間：35分鐘（＋冷藏1小時和放涼） | 烹調時間：15分鐘 |

材料

＊1份基本餅皮（參見PP.24～25）

＊24隻（約400g）中型熟蝦，剝殼去腸

＊2～3湯匙檸檬或萊姆汁

＊1小顆（200g）酪梨

＊200g小番茄，切成四塊

＊2根紅辣椒，去籽，切成小丁

＊48片香菜葉

做法

① 烤箱預熱至180℃（350℉）。

② 餅皮切成兩等份。夾在兩張不沾烘焙紙中間，用擀麵棍擀成2～3mm的厚度。冷藏20分鐘。

③ 一份餅皮取出冰箱。撕掉上層的烘焙紙。用直徑5cm圓形壓模切出24個圓形。輕輕壓進深1cm、底部4cm的花邊塔模裡（圖1）。用擀麵棍輕輕擀過模具，擀掉多餘的餅皮，接著放在烤盤上冷藏。另一份餅皮比照辦理，鋪滿24個模具。冷藏10分鐘，或所有餅皮變冰為止。

④ 鋪上一小張不沾烘焙紙，裝滿烘焙石。烘烤8分鐘。取出烘焙紙和烘焙石，續烤5～7分鐘，或烤至表面金黃、變得酥脆。留在模具中放涼2分鐘，接著移到冷卻架完全放涼。

⑤ 熟蝦切半，倒入中型攪拌盆裡（圖2）。淋上一半的檸檬汁，用鹽和現磨黑胡椒粉調味。酪梨切成小丁，連同番茄、辣椒和剩下的檸檬汁一起倒入另一個攪拌盆裡。用鹽和胡椒粉調味。

⑥ 1茶匙酪梨與番茄舀入每塊塔中（圖3）。再放上一塊切半的熟蝦和一片香菜。馬上食用。

Tip

塔皮可在兩天前先做好。放入保鮮盒保存。

Mini Prawn and
Avocado Tartlets

Roast Onion Tart

烤洋蔥塔

烤洋蔥塔相當適合當作午宴餐點或輕食晚餐，再配上一盤簡單的生菜沙拉就非常美味。洋蔥烤過後，口感鮮甜且滑順。

〜〜〜〜〜〜〜〜〜〜〜〜〜〜〜〜〜〜〜〜〜〜〜〜〜

| 份量：一個26cm塔 | 準備時間：55分鐘（＋冷藏1小時） | 烹調時間：1小時35～40分鐘 |

材料

＊1份法式鹹派皮（參見P.26） ＊700g黃洋蔥（約6顆）
＊90ml橄欖油 ＊1¼湯匙義大利黑醋 ＊1湯匙細砂糖
＊2顆蛋 ＊1顆蛋黃 ＊225ml動物性鮮奶油 ＊225ml牛奶
＊100g（1杯）帕瑪森乳酪末
＊2½茶匙百里香葉，另準備適量百里香枝，最後裝飾用

做法

❶ 在撒有薄粉的工作檯上，用擀麵棍將餅皮擀成直徑約36cm的圓形。餅皮輕輕放進深2.5cm、直徑26cm、底部可拆卸的花邊塔模裡（參見P.28）。用擀麵棍擀過模具頂部，擀掉多餘的餅皮，接著冷藏30分鐘。

❷ 烤箱預熱至180℃（350℉）。餅皮鋪上不沾烘焙紙，接著裝滿烘焙石（乾燥豆子或生米也可）。烘烤25分鐘後出爐。取出烘焙紙和烘焙石，靜置一旁。

❸ 剝洋蔥皮，保留底部的根。洋蔥切半，再將每一半切成三等份，在烤盤上鋪滿一層。淋上橄欖油和黑醋，撒上砂糖。烘烤35分鐘，或烤至表面金黃、軟化；期間偶爾翻面（圖1）。

❹ 同時，蛋和蛋黃倒入中型攪拌盆裡打發。打入鮮奶油和牛奶。用海鹽和現磨黑胡椒粉調味。

❺ 帕瑪森乳酪撒上塔皮，接著將洋蔥以同心圓的方式排好（圖2）。模具放在烤盤上，接著小心倒入鮮奶油（圖3）。撒上百里香葉，接著烘烤35～40分鐘，或至餡料剛好凝固。取出烤箱，稍微放涼。趁熱或於常溫時食用，用百里香枝裝飾。

Tip

可依喜好更改乳酪和香草種類。試試切達乳酪搭配細香蔥末、藍紋乳酪搭鼠尾草碎末，或是格呂耶赫乳酪配迷迭香碎末。

檸檬塔

不想吃太甜的人有福了，試試檸檬塔吧！這道點心散發檸檬香氣，口感滑順，除了檸檬皮末和檸檬汁外，不妨試試新口味，換成萊姆皮末和萊姆汁，也會是不錯的組合。

〜〜〜〜〜〜〜〜〜〜〜〜〜〜〜〜〜〜〜〜〜〜〜〜

│份量：8人份│準備時間：30分鐘（＋冷藏1小時）│烹調時間：50分鐘│

材料

* 1份基本甜餅皮（參見PP.24〜25）
* 5顆蛋，常溫
* 220g（1杯）細砂糖
* 2顆檸檬所磨出的檸檬皮末
* 125ml（½杯）現榨檸檬汁，濾掉殘渣
* 150ml動物性鮮奶油
* 鮮奶油或香草冰淇淋，食用前添加

做法

1. 在撒有薄粉的工作檯上，用抹有薄粉的擀麵棍將餅皮擀成厚度4mm（也能將餅皮夾在兩張不沾烘焙紙中間擀開）。用擀麵棍捲起餅皮。小心地放進深2.5cm、直徑24cm、底部可拆卸的花邊塔模裡，用指尖壓進邊緣（參見P.28）。用擀麵棍擀過模具頂部，擀掉多餘的餅皮。以保鮮膜包住模口，放進冰箱冷藏30分鐘。

2. 烤箱預熱至200℃（400℉）。

3. 餅皮鋪上不沾烘焙紙，裝滿烘焙石（米粒或豆子也可）。烘烤10分鐘。取出烘焙石及烘焙紙，續烤10分鐘，或表面變淺金色。

4. 餅皮快完成前，開始準備餡料。用球型打蛋器打發蛋、砂糖和檸檬皮末，直到拌勻（圖1）。倒入檸檬汁和鮮奶油，輕輕打發均勻。餡料過濾到液態量杯中（圖2）。

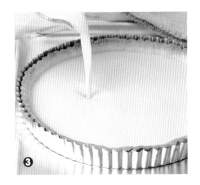

5. 餅皮取出烤箱，爐溫降至180℃（350℉）。餡料倒入熱騰騰的餅皮中（圖3）。放回烤箱，烘烤30分鐘，或中央凝固為止。連同模具移至冷卻架上放涼。搭配鮮奶油或香草冰淇淋一起食用。

Tip

完成當天食用完畢，最能品嘗到檸檬的香氣。也可放入保鮮盒，冷藏保存三天。食用前，解凍至常溫。

Lemon Tart

Lemon Meringue Pie

檸檬蛋白霜塔

| 份量：8～10人份 | 準備時間：30分鐘（＋冷藏4小時和放涼30分鐘）| 烹調時間：1小時 |

材料

＊1份基本甜餅皮（參見PP.24～25）

檸檬餡料

＊10顆蛋黃，常溫　＊220g（1杯）細砂糖　＊3顆檸檬皮末
＊40g（⅓杯）玉米粉　＊160ml（⅔杯）現榨檸檬汁，濾掉殘渣
＊200g冰過的無鹽奶油，切成約1cm小塊

義大利蛋白霜

＊165g（¾杯）細砂糖　＊3顆蛋白，常溫　＊1撮塔塔粉

做法

❶ 烤箱預熱至180℃（350℉）。在撒有薄粉的工作檯上，用抹有薄粉的擀麵棍將餅皮擀成厚度4mm的圓形。輕輕壓進直徑22cm、深4.5cm的塔模中，確保餅皮緊貼模具，接著擀掉多餘的麵團。冷藏20分鐘。

❷ 餅皮鋪上不沾烘焙紙，接著裝滿烘焙石（乾燥豆子或生米也可）。烘烤20分鐘，取出烘焙紙和烘焙石。續烤20～25分鐘，或烤至表面金黃、完全熟透。取出烤箱，放在冷卻架上放涼至常溫。

❸ 餅皮倒在手上，接著放在烤盤上。開始製作檸檬餡料。蛋黃、砂糖、檸檬皮末倒入平底鍋中，用球型打蛋器打發均勻。玉米粉和125ml（½杯）水拌在一起。和檸檬汁一起倒入平底鍋中，打發均勻。倒入奶油。一邊中火加熱、一邊持續打發2分鐘，或待奶油融化。繼續打3～4分鐘，或材料變濃稠、幾近沸騰（但不能煮沸）（圖1）。立刻倒入餅皮，抹刀沾進滾水後，鋪平餡料（參見Tip）。放涼，接著冷藏3小時，或至餡料凝固。

❹ 開始製作義大利蛋白霜，砂糖和80ml（⅓杯）水倒入小型平底鍋中，中火攪拌至砂糖溶解。麵團刷沾水後，沿著鍋壁刷下砂糖結晶。轉大火，煮沸。煮到糖水進入糖絲階段（即煮糖溫度計顯示110℃／230℉）；期間偶爾刷下鍋壁結晶。此時，蛋白和塔塔粉倒入中型攪拌盆裡，用裝有打蛋器的電動攪拌機以中高速打發至濕性發泡。持續煮糖水，待其進入硬球階段（即煮糖溫度計顯示118℃／244℉）。接著，開關繼續開著，以相同速度穩穩地倒入蛋白中。持續打發6～7分鐘，或至蛋白霜濃稠光滑，放涼至常溫。

❺ 上火燒烤烤箱箱預熱至中火。蛋白霜舀到餡料上，一邊旋轉模具、一邊用抹刀抹平（圖3）。放進烤箱中層，燒烤30秒。檢查上色情況，若有需要，可再燒烤30秒；如果上色不均，可將模具轉向。靜置5分鐘。利刀用熱水燙過後擦乾，將塔切片。

Tip

餡料倒入塔皮時看起來可能太濃稠，不過這是必要的，因為凝固後、切片時才不會變形倒塌。

蘋果倒塔

1990年代，經營旅店的法國Tatin姊妹發明了這種倒塔。以往只用蘋果，但現在梨子也很普遍。

| 份量：6～8人份 | 準備時間：25分鐘（＋放涼） | 烹調時間：1小時5分鐘 |

材料

* ＊3大顆（600g）翠玉青蘋果
* ＊75g無鹽奶油，切塊
* ＊150g（⅔杯）細砂糖
* ＊1張（24×24cm）冷凍奶油酥皮，稍微解凍（參見Tip）
* ＊法式酸奶油、高脂／兩倍鮮奶油、安格斯醬（參見PP.348～349）或冰淇淋，食用前添加

做法

1. 蘋果削皮、去核、切半。每半顆蘋果再切成三等份。奶油和砂糖倒入底部直徑21cm的耐高溫不銹鋼鍋中，拌在一起，中火加熱。煮5分鐘，或至奶油融化、材料冒泡；期間偶爾翻炒。移開火源，蘋果片排滿鍋底（圖1）。可能會有幾片蘋果擺不下。

2. 鍋子放回爐上，中火煮15分鐘，或蘋果軟化、底部色澤金黃（圖2）。移開火源，完全放涼。烤箱預熱至180℃（350℉）。

3. 酥皮切成24cm圓形。放在放涼的蘋果上，接著小心地沿著蘋果周圍塞入、輕壓進鍋內，包住蘋果（圖3）。烘烤40～45分鐘，或烤至表面金黃、完全熟透，蘋果汁液開始冒泡。取出烤箱，靜置10分鐘，稍微放涼。

4. 蘋果倒塔倒出在餐盤上。切塊，馬上搭配法式酸奶油、高脂鮮奶油、安格斯醬或冰淇淋一起食用。

變化版

洋梨蜂蜜倒塔
以4顆成熟紐西蘭梨或威廉斯梨取代蘋果。洋梨削皮、去核、切成四塊。以115g（⅓杯）蜂蜜取代一半的砂糖。

Tip
你也可以使用1份基本甜餅皮（參見PP.24～25）取代千層酥皮；擀成5mm厚，切成24cm圓形。

Tarte Tatin

Pitachio and Fig Tart

開心果與無花果塔

杏仁奶油餡是常見的法國派塔點心食材，據說是以十六世紀發明的大廚名字命名。傳統做法是以磨碎的杏仁製成，而這份食譜的開心果或榛果也是不錯的堅果選擇。再加上李子、杏桃、甜桃或燉梨的話，更添風味。

| 份量：8～10人份 | 準備時間：35分鐘（＋冷藏1小時和靜置30分鐘） | 烹調時間：55～60分鐘 |

材料

＊1份法式甜塔皮（參見P.27）　＊6顆熟無花果（1顆85g）　＊糖粉，撒在塔上
＊高脂／兩倍鮮奶油、香草冰淇淋或安格斯醬（參見PP.348～349），食用前添加

開心果玫瑰水杏仁奶油餡

＊250g無鹽開心果　＊2湯匙中筋麵粉　＊125g無鹽奶油，常溫
＊110g（½杯）細砂糖　＊3顆蛋　＊1½茶匙玫瑰水
＊50g（½杯）杏仁片

做法

1. 塔皮取出冰箱，靜置常溫20～30分鐘，或至稍微軟化。在撒有薄粉的冰涼工作檯上，用抹有薄粉的擀麵棍將餅皮擀成約3mm厚的圓形。輕輕壓進一個直徑28cm、底部可拆卸的花邊塔模裡，確保餅皮緊貼側邊和底部（參見P.28）。用擀麵棍擀過模具頂部，擀掉多餘的麵團。放在烤盤上，冷藏30分鐘。

2. 同時，烤箱預熱至200℃（400℉）。

3. 塔皮鋪上不沾烘焙紙，接著裝滿烘焙石（乾燥豆子或生米也可）。烘烤10分鐘，取出烘焙紙和烘焙石。爐溫降至180℃（350℉），續烤10分鐘。移到冷卻架上，放涼至常溫。

4. 無花果切成八片，排列在放涼的塔皮上（圖1）。

5. 開始製作開心果玫瑰水杏仁奶油餡。開心果和麵粉倒入食物調理機中，攪拌成極細粉末。奶油和砂糖倒入中型攪拌盆裡，用電動攪拌機打發至泛白乳化。倒入開心果粉末和玫瑰水，攪拌均勻。奶油餡小心地鋪滿無花果（圖2）。杏仁片均勻撒上奶油餡。

6. 烘烤35～40分鐘，或至奶油餡完全熟透、塔皮金黃。移到冷卻架上，放涼至常溫。

7. 撒上糖粉（圖3）。切塊，搭配鮮奶油、香草冰淇淋或安格斯醬一起食用。

Tip

完成當天食用完畢，風味最佳。

雙層塔皮蘋果派

這個傳統蘋果派入口即化，蘋果餡香甜可口，還加了杏仁粉和少量的檸檬汁增添風味，吃起來味道更香濃，絕對是一道做法簡單卻美味十足的點心。

〜〜〜〜〜〜〜〜〜〜〜〜〜〜〜〜〜〜〜〜〜〜〜〜〜〜

│ 份量：8人份 │ 準備時間：40分鐘（＋冷藏30分鐘和放涼） │ 烹調時間：50分鐘 │

材料
＊2份基本甜餅皮（參見PP.24～25） ＊1顆蛋，稍微打過
＊1湯匙糖，撒在派上 ＊香草冰淇淋或動物性鮮奶油，食用前添加

夾餡
＊1.2kg翠玉青蘋果 ＊2湯匙檸檬汁 ＊25g（¼杯）杏仁粉
＊110g（½杯）糖 ＊1茶匙肉桂粉 ＊¼茶匙肉豆蔻粉
＊1顆檸檬皮末

做法

❶ 按照步驟指示，分別製作2份餅皮，完成後冰進冰箱靜置。

❷ 製作夾餡。蘋果削皮後，切成四塊、去核。每塊切成厚約2cm片狀。蘋果和檸檬汁倒入大型的深炒鍋中，蓋上鍋蓋密合，中小火煮5～7分鐘，或至蘋果軟化；期間偶爾翻炒一下。蘋果倒入濾碗，靜置瀝乾，放涼至常溫。

❸ 同時，餅皮夾在兩張不沾烘焙紙中間，用擀麵棍擀成3mm厚度。其中一份連同烘焙紙一起放在大型烤盤上冷藏。另一份餅皮鋪上深4.5cm、直徑22cm的塔模上，輕輕壓進模底（參見P.28），讓餅皮垂到外面、不要擀掉。放在烤盤上冷藏。

❹ 烤箱預熱至200℃（400℉）。蘋果放涼後，塔皮和 好的餅皮取出冰箱。塔皮底部撒上杏仁粉。蘋果倒入大型攪拌盆裡，倒入糖、兩種香料和檸檬皮末，輕輕拌勻。

❺ 蘋果舀入塔皮，塔皮邊緣刷上蛋液（圖1）。撕掉另一份餅皮的烘焙紙，倒過來放在蘋果上。撕掉上面的烘焙紙，輕輕捏實餅皮邊緣（圖2），接著用利刀切齊模具外緣的餅皮。餅皮摺進模具內壓實。刷上蛋液、撒上糖。中央劃出一個小十字形，讓蒸氣散出（圖3）。

❻ 烘烤25分鐘，將塔轉向，確保烘烤均勻。續烤20分鐘，或至完全熟透、表面金黃。趁熱搭配香草冰淇淋或鮮奶油一起食用。

Double-Crust Apple Pie

*Portuguese
Custard Tarts*

葡式蛋塔

葡式蛋塔源自葡萄牙，葡萄牙語為pastéis de nata，又稱卡士達奶油塔。做法並不簡單，因為烘烤派皮時需要極高溫，而卡士達奶油卻相反。不過有了這份食譜，你就能在家做出最道地的蛋塔了。

| 份量：12個 | 準備時間：1小時15分鐘（＋冷藏1小時20分鐘） | 烹調時間：20～25分鐘 |

材料

* 165g（¾杯）細砂糖，另準備1湯匙　＊250ml（1杯）牛奶
* 50g（⅓杯）中筋麵粉　＊1條香草莢，縱向剖開、挖出種籽
* 1×10cm長條檸檬皮　＊4顆蛋黃
* 185ml（¾杯）動物性鮮奶油　＊1茶匙肉桂粉
* ½ 份千層酥皮（參見PP.32～33）

做法

1. 烤箱預熱至240℃（475℉）。烤架擺在烤箱最上層（塔類須置於烤箱最上層烘烤，因溫度最高）。12孔80ml（⅓杯）馬芬模內刷上薄薄一層融化奶油或食用油。

2. 砂糖和125ml（½杯）的水倒入小型平底鍋中，拌在一起，小火加熱。煮到砂糖溶解，期間不時攪拌。中火煮到沸騰，沸煮5～7分鐘，或糖水達到軟球狀態（即煮糖溫度計顯示112℃／235℉）。移開火源，靜置一旁。

3. 同時，60ml（¼杯）牛奶和麵粉倒入小型攪拌盆裡，拌至滑順。剩下的牛奶、香草籽、香草莢和檸檬皮末倒入小型平底鍋中。煮到沸騰，接著移開火源。倒入麵糊，持續拌至滑順。倒入蛋黃，拌勻。拌入鮮奶油，攪拌均勻。以相同速度穩穩地慢慢倒入糖水，持續拌至均勻。倒入隔熱液態量杯中，靜置一旁，稍微放涼。同時，擀開塔皮。

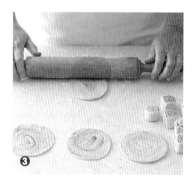

4. 另外準備的砂糖和肉桂粉倒入小型攪拌盆裡，拌在一起。在乾淨工作檯上，用抹有薄粉的擀麵棍將塔皮擀成30×35cm長方形。長邊面向自己，撒上肉桂糖粉。從靠近自己的一邊開始，緊緊捲起塔皮，捲成長35cm圓條（圖1）。切成12塊，每塊寬約3cm（圖2）。

5. 一次處理一塊塔，開口朝下，放在撒有薄粉的工作檯上。用掌腹輕輕壓，變成稍微壓平的圓塊，接著用抹有薄粉的擀麵棍擀成直徑9cm的圓形（圖3）。可視需要，用直徑9cm的圓形壓模切掉多餘的邊緣。塔皮輕輕壓進馬芬模孔，用指尖小心貼平底部和側邊。卡士達餡均分到塔皮中。烘烤6～10分鐘，或卡士達餡觸感變硬、開始變金黃。留在模具中放涼5分鐘，接著移到冷卻架完全放涼。

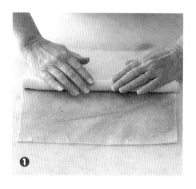

Tip

完成當天食用完畢，風味最佳。

蜂蜜迷迭香米製卡士達塔

這道米製甜點的食材和風味皆源自義大利，在當地也很常見。單吃就很美味，但要是再搭配一湯匙蘋果泥，味道更棒。

| 份量：一個26cm塔 | 準備時間：20分鐘（＋冷藏1小時～1小時15分鐘）| 烹調時間：1小時 |

材料

*1份法式甜塔皮（參見P.27）

*1湯匙迷迭香碎末，另準備適量的整枝迷迭香，最後裝飾用

*110g（½杯）短粒白米

*250ml（1杯）牛奶

*300ml動物性鮮奶油

*175g（½杯）蜂蜜

*1茶匙天然香草精

*1顆蛋

*2顆蛋黃

做法

❶ 按照步驟製作法式甜塔皮，但須將迷迭香倒入麵粉中。在撒有薄粉的工作檯上，用擀麵棍將冰過的塔皮擀成直徑36cm的圓形，放進深2.5cm、直徑26cm、底部可拆卸的花邊塔模裡，用指尖壓進底部和側邊（參見P.28）。用擀麵棍擀過模具頂部，擀掉多餘的塔皮。冷藏30分鐘。

❷ 烤箱預熱至180℃（350℉）。塔皮鋪上不沾烘焙紙，接著裝滿烘焙石（乾燥豆子或生米也可）。烘烤15分鐘，取出烘焙紙和烘焙石，續烤6～7分鐘，或至表面淺金、底部乾燥（圖1）。移到冷卻架，稍微放涼。

❸ 同時，白米、牛奶和125ml（½杯）的鮮奶油倒入小型平底鍋中，中火煮到沸騰。轉成小火，蓋上鍋蓋，煮18～20分鐘，或至白米幾近軟爛、材料相當濃稠；期間偶爾翻炒。移開火源，拌入蜂蜜和香草精，靜置稍微放涼（圖2）。

❹ 倒入剩下的鮮奶油、蛋和蛋黃，攪拌均勻。倒入塔皮中（圖3），烘烤35分鐘，或至餡料凝固。連同模具移到冷卻架放涼。撒上迷迭香枝，常溫食用。

Tip

完成當天食用完畢，風味最佳。

Rosemary and Honey Rice-Custard Tart

Pastries

Part **7** 餡餅

蘋果茴香豬肉香腸捲

香腸捲一直很受歡迎，特別適合在派對上輕鬆拿著吃。現在請選用好食材，做出專屬你的香腸捲，不但做法簡單，而且不論做幾次，都一樣美味。

| 份量：12塊 | 準備時間：1小時（＋冷藏1小時20分鐘／放涼） | 烹調時間：35～40分鐘 |

材料

＊1湯匙茴香籽　＊1湯匙橄欖油　＊1小顆茴香球莖，去梗，切小碎塊

＊2片蒜瓣，切小碎塊　＊60g（½杯）義大利培根碎塊　＊1撮眾香子

＊300g優質豬肉香腸，剝除腸衣　＊300g豬絞肉

＊60g（1杯，未壓實）新鮮麵包屑（用隔夜麵包製成）

＊1小顆青蘋果（約100g），削皮刨絲

＊¼杯義大利平葉歐芹，大略切塊　＊1顆蛋黃

＊1份速成千層酥皮（參見PP.36～37）

＊1顆蛋，加2茶匙水一起稍微打過　＊1湯匙芝麻籽

做法

❶ 中火加熱一個小型不沾炒鍋。倒入3茶匙茴香籽，煮30秒鐘，或至散發香味；期間不斷晃動炒鍋。用缽杵或香料研磨器將種籽磨成粉。

❷ 橄欖油倒入中型炒鍋中，中小火加熱。倒入茴香球莖塊，煮5分鐘；期間不時翻炒。倒入蒜瓣和義大利培根，續煮5分鐘，或至茴香變金黃且軟化。倒入茴香粉和眾香子，煮30秒或飄出香味。靜置放涼。

❸ 香腸、豬絞肉、放涼的香料、麵包屑、蘋果、歐芹和蛋黃倒入大型攪拌盆裡。用鹽和現磨黑胡椒粉調味。

❹ 烤箱預熱至200℃（400℉）。兩個大型烤盤上鋪好不沾烘焙紙。

❺ 餅皮橫向切半，接著在撒有薄粉的工作檯上擀成25cm正方形。每片餅皮再次切半。肉餡均分成四等份。每份塑成長條，放在每張餅皮中央（圖1）。餅皮邊緣刷上一層厚厚的蛋液。摺起餅皮、包住餡料，邊緣重疊處捏實密封（圖2）。放在烤盤上，冷藏20分鐘。

❻ 再將兩個大型烤盤鋪上不沾烘焙紙。香腸捲放在切菜板上，開口朝下。每捲切成三等份（圖3）。放在烤盤上，預留膨脹空間。

❼ 剩下的茴香籽和芝麻籽倒入小型攪拌盆裡，拌在一起。香腸捲刷上蛋液，撒上種籽。烘烤15分鐘，接著爐溫降至180℃（350℉），交換烤盤位置，續烤10～15分鐘，或至餅皮膨脹、表面金黃。

Tip

未烘烤的香腸捲放進冷凍保鮮袋中，可冷凍保存兩個月。烘烤前不用解凍，但烘烤時間要多加5分鐘。

Pork, Apple, and Fennel Sausage Rolls

Potato and Pea Samosas

豌豆馬鈴薯三角餃

雖然大多數人總把印度和三角餃聯想在一起，但好幾世紀以來，三角餃其實也一直是亞洲其他地區常見的點心，大多為全蔬菜內餡，肉餡較少見。醬料有酸甜醬（chutney）、優格，也常搭配碎洋蔥、香菜食用。

| 份量：16顆　　| 準備時間：1小時10分鐘（＋靜置1小時／放涼）　| 烹調時間：1小時15分鐘 |

材料

＊500g馬鈴薯　＊120ml植物油，另準備適量，油炸用　＊1顆洋蔥，切小碎塊
＊110g（¾杯）冷凍豌豆，解凍瀝乾　＊2茶匙薑粉　＊2片蒜瓣，切小碎塊
＊1小根綠辣椒　＊4湯匙香菜碎末　＊1茶匙鹽　＊1茶匙孜然粉　＊¾茶匙香菜粉
＊¾茶匙印度綜合香料　＊1½湯匙檸檬汁　＊260g（1杯）原味優格
＊2湯匙薄荷碎末　＊225～260g（1½～1¾杯）中筋麵粉　＊60ml（¼杯）冰水

做法

❶ 馬鈴薯倒入平底鍋，加入冷水（蓋過馬鈴薯），煮沸。轉小火，沸煮25～35分鐘，或馬鈴薯變軟為止。瀝乾馬鈴薯，放涼。削皮，切成1cm小塊。

❷ 2湯匙油倒入大型炒鍋中，中大火加熱。洋蔥煮6分鐘，不時翻炒。倒入豌豆、薑粉、蒜瓣、辣椒、一半香菜碎末和2湯匙水。轉成中小火，蓋起鍋蓋，煮3分鐘；偶爾翻炒一下。

❸ 轉成小火，倒入馬鈴薯、一半的鹽和孜然粉、香菜粉、印度綜合香料和檸檬汁。煮3～4分鐘，偶爾翻炒一下。倒入攪拌盆裡。

❹ 優格、剩下的香菜碎末、剩下的孜然粉和薄荷拌在一起。冷藏備用。

❺ 225g（1½杯）麵粉和剩下的鹽過篩到攪拌盆裡。倒入80ml（⅓杯）油，拌勻。用平刃刀以切割的動作慢慢拌入冰水，形成一塊麵團。麵團倒在乾淨的工作檯上，揉5分鐘。如果麵團太過濕潤，可倒入剩下的麵粉，一次倒1湯匙。麵團塑成球狀，放入抹油的攪拌盆裡，翻動以裹上油。以保鮮膜封住盆口，靜置30分鐘。

❻ 稍微揉一下麵團，接著均分成八等份。揉成圓球，放在稍微抹油的烤盤上，用保鮮膜包住。一次處理一球，桿成直徑16cm圓形，接著切半。拿起一個半圓形，用一些水沾濕直邊（圖1）。塑成甜筒狀，捏實邊緣。舀入2湯匙餡料（圖2），沾濕邊緣、捏實密封，稍微打出摺邊。放在烤盤上。剩餘麵團和餡料比照辦理。

❼ 另外準備的油倒入小型平底深鍋中，裝滿三分之一，加熱至180℃（350℉）。一次倒入3～4顆三角餃，炸6分鐘，或炸至表面金黃、酥脆；中途翻面一次。在紙巾上瀝乾。搭配加有香草的優格一起食用。

Tip

❋ 如果想為三角餃加一點辣味，可將⅛茶匙辣椒粉，和香菜粉、印度綜合香料一起倒入鍋中。
❋ 若是豌豆產季，用新鮮豌豆莢取代冷凍豌豆。

雞肉培根蘑菇酥盒

| 份量：4塊 | 準備時間：1小時20分鐘（＋冷藏1小時35分鐘） | 烹調時間：50～60分鐘 |

材料

＊1份千層酥皮（參見PP.32～33）（參見Tip）　＊1顆蛋，加2茶匙水稍微打過

＊225g去皮雞柳　＊375ml（1½杯）雞肉高湯　＊1片月桂葉　＊1根百里香

＊1湯匙橄欖油　＊75g瘦培根，切塊　＊100g白蘑菇，切片　＊2小片蒜瓣，壓碎

＊1顆紅蔥頭，切小碎塊　＊60ml（¼杯）白酒

＊2湯匙玉米粉，加60ml（¼杯）水一起攪拌

＊60ml（¼杯）動物性鮮奶油　＊青蔥，切薄片，最後裝飾用

做法

① 烤箱預熱至220℃（425℉）。兩個烤盤上鋪好不沾烘焙紙。

② 用擀麵棍將餅皮擀成36cm正方形，接著用直徑9cm的圓形壓模，切出12個圓形。4個圓形放在烤盤上，用直徑6cm的圓形壓模在每個圓形中央壓出小圓，但不切斷（圖1）。這些當成酥盒底部。

③ 剩下的圓形餅皮放在另一個烤盤上，用較小的壓模切斷中間的圓，形成厚度一致的圓環（圖2）。

④ 每個酥盒圓底的外環刷上蛋液，小心不要刷到餅皮的側邊，否則無法順利膨脹。圓環小心放在底部上面（圖3）。圓環刷上蛋液，放上另一個圓環。剩下的底部、蛋液和圓環比照辦理。冷藏15分鐘，或至酥盒變冰。最上方的圓環刷上蛋液，不要刷到側邊。

⑤ 烘烤20分鐘，或至餅皮膨脹、金黃。中間若有尚未烤熟的麵團，小心切除，續烤5～10分鐘，或至底部金黃、酥脆。在冷卻架上放涼。

⑥ 雞柳和高湯倒入小型平底鍋中。如果高湯沒有蓋滿雞肉，多加一些高湯或水。倒入月桂葉和百里香，中火煮到小滾。轉中小火，蓋上鍋蓋，煮4～5分鐘。移開火源，靜置10分鐘，或至雞肉剛好熟透。雞肉倒入盤中，湯汁留在鍋中。用兩隻叉子將雞肉剝絲，倒入中型攪拌盆裡。

⑦ 橄欖油倒入中型不沾炒鍋中，中大火加熱。倒入培根，煮5分鐘；不時翻炒。倒入蘑菇和蒜瓣，續煮3分鐘；不時翻炒。倒入紅蔥頭，調味完成後，拌入雞肉絲中。炒鍋放回爐上加熱，倒入白酒，煮到湯汁收乾一半，接著倒入保留的湯汁。煮到沸騰，接著將火轉小，小火沸煮2分鐘。倒入玉米粉水和鮮奶油，拌至濃稠。取出香草。倒入雞肉，加熱。依個人喜好進行調味。餡料舀入酥盒，撒上青蔥，趁熱食用。

Tip

◆ 你可以用三張24cm現成正方形千層酥皮或四個現成大酥盒。

◆ 尚未放入餡料的酥盒可放入保鮮盒，保存兩天。加入餡料前，在預熱至180℃（350℉）的烤箱中烘烤5～7分鐘，或至酥盒變得酥脆。

Chicken, Bacon and
Mushroom Vol-Au-Vents

Cornish Pasties

康沃爾肉餡餅

十八世紀，英國康沃爾地區的工人常吃這類餡餅當午餐。這款鹹點受到歐盟執行委員會的保護，並規定唯有在康沃爾地區、遵照傳統食譜製成的才能叫做「康沃爾肉餡餅」。

| 份量：8塊 | 準備時間：1小時（＋靜置30分鐘） | 烹調時間：45～50分鐘 |

材料

餅皮

* 600g（4杯）中筋麵粉
* 1茶匙鹽
* 150g冰過的奶油，切塊
* 150g冰過的豬油（參見Tip），切塊
* 80ml（⅓杯）冰水

夾餡

* 100g瑞典蕪菁（蕪菁甘藍），削皮
* 100g馬鈴薯，削皮
* ½顆黃洋蔥
* 350g後腿肉牛排，切成8mm大小
* 1湯匙中筋麵粉
* 牛奶，刷在餡餅上
* 1顆蛋黃，加1½湯匙的水一起攪拌

做法

① 製作餅皮。麵粉和鹽倒入大型攪拌盆裡，拌在一起。手心朝上，用指尖搓入奶油和豬油，搓成麵包屑狀；搓揉時手舉高，以搓進空氣。倒入近全部的冰水，用平刃刀以切割的動作攪拌，形成一塊麵團；必要時倒入剩下的冰水。稍微揉一下，使麵團聚合在一起。塑成圓盤，用保鮮膜包住，靜置30分鐘。

② 烤箱預熱至180℃（350℉）。一個大型烤盤上鋪好不沾烘焙紙。蕪菁、馬鈴薯和洋蔥切成8mm小塊。和牛肉一起倒入大型攪拌盆裡，拌在一起。撒上麵粉，用海鹽和現磨黑胡椒粉調味，接著拌勻。

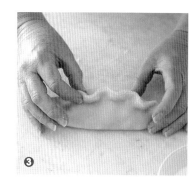

③ 在撒有薄粉的工作檯上將餅皮擀成5mm厚。用直徑16cm的盤子或攪拌盆輔助，切出八個圓形（圖1）；必要時將剩餘的麵團揉在一起，再次擀開切圓。圓形餅皮邊緣刷上薄薄一層牛奶，肉餡均分到餅皮中央處，兩端預留1cm邊界（圖2）。

④ 往上摺起餅皮的兩側，捏實。邊緣摺皺褶密封，用手指塑成波浪狀（圖3）。餡餅放在烤盤上，整塊刷上蛋液。烘烤45～50分鐘，或至表面金黃。留在烤盤上稍微放涼，趁熱或於常溫時食用。

Tip

豬油能讓餅皮香濃酥脆，但若不好買或不想用豬油，可以等重的奶油取代。

葡萄乾卡士達螺旋捲餅

這道點心和可頌用的是同一種發酵餅皮，但因為製作過程中份量與切法沒那麼講究，所以做法比可頌簡單多了。早餐端上這份捲餅，絕對令人無法抗拒。

| 份量：10塊　| 準備時間：1.5小時（＋醒麵4～4.5小時和冷藏1.5小時）　| 烹調時間：33分鐘 |

材料
＊1份發酵千層酥皮（參見PP.38～39）
＊½份蛋奶餡（參見P.349，中筋麵粉減少為1湯匙）
＊1顆蛋黃，加2茶匙水一起打散
＊130g（¾杯）葡萄乾
＊115g（⅓杯）杏桃果醬

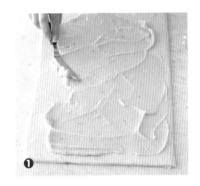

做法
❶ 在撒有薄粉的工作檯上將餅皮擀成約28×60cm的長方形。盡量讓四邊平整。

❷ 短邊面向自己，用大型利刀修直邊緣。放涼的蛋奶餡鋪滿麵皮（圖1），最遠端預留1cm的邊界。邊界刷上薄薄一層蛋黃。蛋奶餡上均勻撒滿葡萄乾。

❸ 兩個烤盤上鋪好不沾烘焙紙。從面向自己的短邊開始，將餅皮捲成一個粗短圓條（圖2）。用鋸齒利刀橫向切半，接著再將每一半切成五片，每片寬約2.5cm（圖3）。捲餅放在烤盤上，切片朝下，預留膨脹空間。靜置在溫暖不通風的地方1.5小時，或至餅皮膨脹。

❹ 烤箱預熱至200℃（400℉）。整塊餅皮刷上薄薄一層蛋黃。烘烤30分鐘，或烤至表面金黃、酥脆；中途交換烤盤位置，確保烘烤均勻。移到冷卻架放涼。

❺ 果醬和1湯匙水倒入小型平底鍋中，煮沸，拌至滑順。移開火源，倒入網篩，篩掉固體物，接著刷上放涼的餅皮。

Tip
完成當天食用完畢，風味最佳。

Raisin and Custard Spirals

Chocolate Éclairs

巧克力閃電泡芙

法國餡餅點心中，巧克力閃電泡芙堪稱經典之一，親手做的美味總是讓人驚艷。想省時的話，就把打發好的香草口味鮮奶油當成內餡，方便又快速。

〜〜〜〜〜〜〜〜〜〜〜〜〜〜〜〜〜〜

| 份量：16塊 | 準備時間：1.5小時（＋放涼／靜置40分鐘） | 烹調時間：44分鐘～1小時 |

材料

*1份法式泡芙餅皮（參見PP.40～41）

*1份蛋奶餡（參見P.349，過篩麵粉和玉米粉時，加入1湯匙無糖可可粉）

*125g黑巧克力，融化

巧克力糖衣

*210g（1¾杯）糖粉 *15g無糖可可粉

*60～80ml（¼～⅓杯）滾水 *½茶匙天然香草精

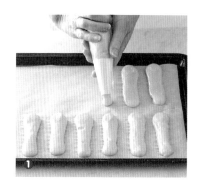

做法

❶ 烤箱預熱至200℃（400℉）。兩個烤盤上鋪好不沾烘焙紙。大型的擠花袋裝入1.5cm平緣擠花嘴，接著舀入餅皮麵糊（參見P.42）。

❷ 在烤盤上擠出10cm長條，預留膨脹空間（圖1）。烤盤稍微撒一些水，烘烤時才會有蒸氣、泡芙才能膨脹得好。烘烤12～15分鐘。爐溫降至180℃（350℉），續烤10～15分鐘，或至餅皮金黃、體積膨脹。移到冷卻架，用小型利刀將泡芙切半，散出蒸氣（圖2）。爐溫升至200℃（400℉），剩餘麵糊在另一個烤盤上擠出10cm長條。依上述方式烘烤，接著移到冷卻架切半。完全放涼，接著小心地將未熟的麵糊從每塊切開的泡芙中取出。

❸ 製作蛋奶餡。趁熱拌入融化的巧克力中。大型擠花袋裝入1.5cm平緣擠擠花嘴，舀入巧克力蛋奶餡。蛋奶餡擠入半數泡芙中（圖3），接著蓋上另一半泡芙。

❹ 製作巧克力糖衣。糖粉和可可粉過篩到大型攪拌盆裡。用打蛋器慢慢拌入60ml（¼杯）滾水，拌成滑順糖衣。拌入香草精。必要時可加一點水，一次幾滴即可，以做出期望的濃稠度。在每塊泡芙上塗抹約1湯匙糖衣。靜置20分鐘，或至糖衣凝固。

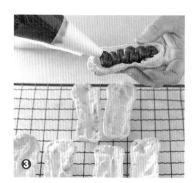

Tip

◦ 閃電泡芙填完夾餡、上完糖衣後，最好馬上食用。也可以冷藏，食用前須恢復常溫。

◦ 未填餡的泡芙可放入保鮮盒，保存兩天，或冷凍保存兩星期。

Baklava

果仁蜜餅

果仁蜜餅是中東地區的人氣甜點，由薄如紙張的薄片餅皮，加上堅果和香料內餡，表面再淋上甜糖漿就大功告成。新鮮或冷凍薄片餅皮都能在超級市場買到。但冷凍餅皮較易碎裂，所以建議用新鮮餅皮，較為方便。

| 份量：約18塊 | 準備時間：30分鐘（＋放涼） | 烹調時間：30分鐘 |

材料

* 400g（3½杯）剖半核桃，切小碎塊　* 155g（1杯）杏仁，切小碎塊
* ½茶匙肉桂粉　* ½茶匙綜合辛香料　* 1湯匙細砂糖
* 16張薄片餅皮　* 200g奶油，融化　* 1湯匙橄欖油

糖漿

* 440g（2杯）糖　* 330ml（1⅓杯）水　* 3根丁香　* 3茶匙檸檬汁

做法

① 烤箱預熱至180℃（350℉）。一個18×28cm淺模的底部與側邊刷上融化奶油。

② 核桃、杏仁、兩種香料和砂糖倒入中型攪拌盆裡，拌勻。薄片餅皮平放在工作檯上，蓋上乾淨抹布或毛巾，接著再蓋一塊微濕的布，防止餅皮乾掉。奶油和橄欖油拌勻。拿出一張餅皮，平放在工作檯上，刷上厚厚一層奶油混合液，接著對摺。修掉邊緣以符合淺模大小，放進模具。三張薄片餅皮比照辦理，放進模底：刷上厚厚一層奶油混合液，接著對摺、修掉邊緣（圖1）。

③ 三分之一的堅果餡料撒上模中的餅皮（圖2）。重複上述步驟，再用同樣張數的薄片作出兩層餅皮、撒上堅果餡料，接著鋪上最後一層餅皮。用雙手向下壓，使餅皮和餡料緊黏在一起。

④ 攪拌剩下的奶油和橄欖油，刷上最上層的餅皮。用大型利刀將果仁蜜餅縱向切成等長的四條，接著對角切成菱形。烘烤30分鐘，或至餅皮金黃、酥脆。

⑤ 同時製作糖漿。所有材料倒入小型平底鍋中，小火拌至糖溶解。煮到沸騰，接著將火轉小，小火沸煮10分鐘，期間不要攪拌。靜置放涼。撈出丁香。

⑥ 放涼的糖漿倒在熱騰騰的果仁蜜餅上（圖3），連同模具移到冷卻架放涼。食用前，切成菱形。

Tip

放入鋪有不沾烘焙紙的保鮮盒，可保存五天。

瑞可達乳酪葡萄乾餡餅

這種餡餅源自奧地利，傳統做法是將餅皮拉得極薄，放上水果乾，捲起來後放進烤箱。按照這份食譜的話，要做兩份餡餅也不難，只要水果乾的量多一倍，捲起前將整條餅皮一分為二，水果乾均分就行了。

| 份量：8～10人份 | 準備時間：45分鐘（＋靜置30分鐘） | 烹調時間：40分鐘 |

材料

＊175g中筋麵粉，另準備2茶匙　＊½顆蛋，稍微打過（參見Tip）
＊2湯匙植物油　＊1大撮鹽　＊2茶匙現榨檸檬汁，濾掉殘渣
＊60ml（¼杯）常溫水　＊250g新鮮瑞可達硬質乳酪
＊30g奶油，軟化，另準備80g奶油，融化　＊75g細砂糖
＊½條香草莢，縱向剖開、挖出種籽　＊2顆蛋，常溫，完成分蛋
＊65g（¼杯）酸奶油　＊2湯匙葡萄乾　＊1顆檸檬皮末　＊糖粉，撒在餡餅上

做法

① 麵粉、蛋、油、鹽和檸檬汁倒入直立式攪拌機的碗裡，裝上勾狀攪拌頭。倒入水，低速拌勻。轉成中低速，再攪拌5分鐘，或至觸感滑順有彈性（也能在撒有薄粉的工作檯上，用手揉成麵團）。如果麵團太乾，可多倒一些水；麵團應會變硬。倒在乾淨的檯面上，塑成球狀。用一個溫熱的大碗蓋住，靜置30分鐘。

② 同時，用刮刀打發瑞可達乳酪，打至幾近滑順；靜置一旁。奶油、砂糖、香草籽和蛋黃倒入攪拌盆裡，用電動攪拌機打發至泛白。倒入酸奶油和另外準備的麵粉，打發均勻。拌入葡萄乾和檸檬皮末。

③ 用乾淨無水的電動攪拌機在乾淨無水的攪拌盆裡打發蛋白至乾性發泡。瑞可達乳酪拌入奶油中，拌至滑順，接著倒入蛋白，攪拌均勻。靜置一旁。

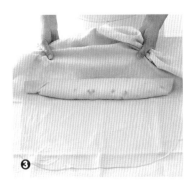

④ 烤箱預熱至220℃（425℉）。一個烤盤上鋪好不沾烘焙紙。

⑤ 麵團揉5分鐘，接著塑成球狀，刷上薄薄一層融化奶油。一塊大抹布或毛巾放在工作檯上，撒上一半另外準備的麵粉。麵團放在抹布上，撒上剩下的麵粉。用擀麵棍擀成約30×45cm的長方形麵皮（圖1）。雙手放在下方，從中央開始輕輕延展（圖2），形成約45×60cm的麵皮。刷上奶油後，距離一個短邊10cm內的部分鋪滿餡料，兩邊預留5cm邊界。

⑥ 用抹布輔助，摺起麵皮、包住餡料（圖3）。用抹布輔助，捲起整片麵皮，放在烤盤上，開口朝下。兩端收摺起來。刷上融化奶油，烘烤40分鐘，每10分鐘刷一次奶油，烤至金黃酥脆。留在烤盤上放涼10分鐘，接著撒上糖粉食用。

Tip

◆ 要算出半顆蛋的份量，請先將蛋打進一個小型液態量杯中，稍微打過後，使用量杯上一半的量即可。
◆ 這款餡餅於完成當天食用完畢，風味最佳。

Ricotta and Raisin Strudel

Eccles Cakes

葡萄乾厄克斯酥餅

這道點心源自英國小鎮厄克斯，故得名。外觀與另一個以英國城鎮命名的喬利酥餅（Chorley cake）很像，不過厄克斯酥餅用的是千層餅皮，而喬利酥餅則用基本餅皮。這兩種點心的傳統吃法都會搭配蘭開郡乳酪食用。

∽∽∽∽∽∽∽∽∽∽∽∽∽∽∽∽∽∽∽∽∽∽∽∽∽∽∽∽∽∽∽∽

│份量：12塊│準備時間：1小時（＋冷藏1.5小時）│烹調時間：25～30分鐘│

材料
＊1份千層餅皮（參見PP.34～35） ＊1顆蛋白，打過 ＊細砂糖，撒在餡餅上

夾餡
＊20g無鹽奶油 ＊60g（⅓杯，未壓實）黑糖 ＊115g（¾杯）黑醋栗
＊40g（¼杯）綜合果皮（各種柑橘類水果的糖漬果皮）
＊1茶匙檸檬皮末 ＊2茶匙檸檬汁 ＊¾茶匙綜合辛香料

做法

① 製作夾餡。奶油和黑糖倒入小型平底鍋中，小火煮2～3分鐘，或至奶油融化、材料變得滑順；期間不時攪拌。倒入攪拌盆裡，再倒入剩下材料，拌勻。靜置放涼。

② 兩個烤盤上鋪好不沾烘焙紙。麵團在撒有薄粉的工作檯上擀成約32×42cm、厚4mm的長方形餅皮。用直徑10cm圓形壓模切出12個圓形。放在烤盤上，冷藏20分鐘。

③ 烤箱預熱至200℃（400℉）。

④ 夾餡均分到圓形餅皮中，放一堆在中央，預留約1cm邊界（圖1）。一次處理一份，摺起邊界、完全包住夾餡，形成一顆圓球，捏實邊緣密封（圖2）。用手輕輕壓平圓球（圖3）。翻面。此時從外觀應可看見夾餡。

⑤ 刷上蛋白、撒上砂糖。用小型利刀在餅皮上畫出三條小斜線。烘烤20～25分鐘，或至表面金黃。移到冷卻架放涼。

Tip
放入保鮮盒，可保存五天。

可頌

可頌並不會特別難做，但需要耐心和經常練習。為了做出完美的新月形可頌，長方形麵團的四邊必須平直，也需仔細測量長度。

〜〜〜〜〜〜〜〜〜〜〜〜〜〜〜〜〜〜〜〜〜〜

| 份量：10塊 | 準備時間：1小時20分鐘（＋醒麵3.5～4.5小時和冷藏1.5小時）| 烹調時間：17～22分鐘 |

材料

＊1份發酵千層酥皮（參見PP.38～39）
＊2顆蛋黃，加1½湯匙的水一起攪拌

做法

① 用擀麵棍在撒有薄粉的工作檯上將餅皮擀成35×53cm的長方形，盡量讓四邊平整，時時轉動餅皮，保持由內往外擀出。

② 用大型利刀修直邊緣，形成一塊32×48cm長方形，丟掉切掉部分。縱向切半，盡量切直。兩份餅皮不要分開。用尺在餅皮中央進行測量，每16cm在切痕兩側劃一個記號（圖1）。至於長邊外側的部分，則先在8cm處劃上記號，接著每隔16cm劃記號。最後，沿著記號在兩份餅皮上切出筆直的對角線，形成三角形（圖2）。

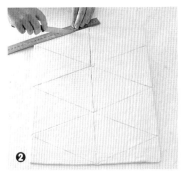

③ 取出每片三角形，用擀麵棍擀一下，使其變長一些。一次處理一片三角形，短邊朝自己，用手輕輕延展兩個端點，使其稍微變長。在每片三角形底邊的中間，切出5mm的記號。

④ 從底邊開始捲起三角形（圖3）。轉向，使三角形的頂點面向自己，接著將三角形拗成新月形狀。

⑤ 放在鋪有不沾烘焙紙的烤盤上，蓋上抹布或毛巾，靜置在溫暖不通風的地方1～1.5小時，或至麵團膨脹。體積不會膨脹一倍。

⑥ 烤箱預熱至220℃（425℉）。整塊可頌刷上蛋液。烘烤2分鐘，接著爐溫降至180℃（350℉）。續烤15～20分鐘，或烤至表面金黃、體積膨脹。移到冷卻架。放涼或趁熱食用。

變化版

巧克力可頌

餅皮擀成34×50cm的長方形，修直邊緣，形成一塊32×48cm的長方形。縱向切半，接著每份切成六片寬8cm的長方形。150g黑巧克力大略切塊。一次處理一片長方形，放在工作檯上，短邊朝自己。短邊撒上一排黑巧克力，接著捲起底邊、包住碎塊。再撒一排黑巧克力，捲起包住，接著再捲起整個長方形。從步驟5繼續往下做。

火腿乳酪可頌

捲起三角形前，在中間擺上50g細長火腿條和50g格呂耶赫乳酪條，去除露出外面的部分。從步驟4繼續做（要用點力才能拗成新月）。可依喜好，在烘烤前多放上一條格呂耶赫乳酪。

Tip

可頌於完成當天食用完畢，風味最佳。也可用保鮮膜包好或放進冷凍保鮮袋，冷凍保存六星期。食用前放進烤箱中重新加熱。

Croissants

Apple Turnovers

蘋果飛碟餡餅

酥脆的千層酥皮放入甜甜的水果餡，再加一點香料，堪稱美味組合。水果餡有多種選擇，像是燉煮梨子、李子、櫻桃、杏桃等。要注意的是，燉煮時必須去除多餘的水分，否則餅皮會破掉，吃起來口感軟爛，一點也不酥脆。

| 份量：6塊 | 準備時間：1小時（＋冷藏1小時50分鐘和放涼） | 烹調時間：35分鐘 |

材料

＊1份千層酥皮（參見PP.32～33）
＊1顆蛋黃，加1½湯匙的水一起打散
＊55g（¼杯）咖啡專用冰糖或粗糖

夾餡

＊3大顆翠玉青蘋果，削皮、切小碎塊
＊130g（¾杯）葡萄乾
＊75g（⅓杯）細砂糖
＊1茶匙肉桂粉

做法

❶ 開始製作夾餡。所有材料倒入平底鍋中，加入60ml（¼杯）水。緊緊蓋住鍋蓋，中火煮8～10分鐘，或至蘋果變軟。掀開鍋蓋，續煮3～4分鐘，或至汁液蒸發。移開火源，靜置放涼。

❷ 在撒有薄粉的工作檯上，用擀麵棍將餅皮擀成約24×36cm的長方形。直徑12cm的圓形壓模或同樣大小的碟子稍微抹上麵粉，切出六個圓形餅皮。一次處理一個圓皮，擀成一個長約20cm、寬約12cm的橢圓形，小心不要拉長餅皮，否則會縮水。放在烤盤上，冷藏30分鐘。

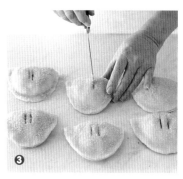

❸ 烤箱預熱至200℃（400°F）。一次處理一個橢圓形，邊緣刷上薄薄一層蛋液。夾餡均分到橢圓形上，鋪滿一半以上的面積，預留1cm邊界（圖2）。未鋪上館料的部分摺起來、蓋住館料。輕輕壓實密封邊緣。不要壓出摺邊，否則餅皮邊緣無法好好膨脹。刷上蛋液、撒上咖啡專用冰糖。用小型利刀的尖端在每塊館餅上面劃出兩條斜線（圖3），接著放在稍微抹油的烤盤上。烘烤20分鐘，或至體積膨脹、色澤金黃。移到冷卻架上放涼至常溫。

Tip

完成當天食用完畢，風味最佳。

Walnut, Cinnamon and Brown Sugar Palmiers

核桃肉桂蝴蝶酥

| 份量：12塊 | 準備時間：20分鐘 | 烹調時間：20～25分鐘 |

材料

＊150g（⅔杯，壓實）紅糖　＊85g（⅔杯）核桃碎塊　＊1½茶匙肉桂粉
＊1顆蛋　＊1顆蛋黃　＊3張（25×25cm）冷凍奶油千層酥皮，解凍

做法

❶ 烤箱預熱至200℃（400℉）。兩個烤盤上鋪好不沾烘焙紙。紅糖、核桃和
肉桂粉倒入攪拌盆裡，拌在一起。

❷ 蛋和蛋黃倒入小型攪拌盆裡，打發均勻。一張不沾烘焙紙放在工作檯上。
一張餅皮放在上面，刷上一些打發好的蛋液。均勻撒上三分之一的核桃糖
粉。第二張餅皮也刷上蛋液，蛋液朝下，放在第一張餅皮上，蓋住餡料。
第二張餅皮表面刷上蛋液，撒上一半剩下的核桃糖粉（圖1）。最後一張餅
皮、蛋液和核桃糖粉比照辦理，做出最後一層。用手指壓下餅皮，讓各層
稍微黏合。

❸ 從最靠近自己的一邊開始，像瑞士捲一樣緊緊捲起餅皮，捲到一半的位
置。從另一邊緊緊捲起餅皮，讓兩邊在中間會合（圖2）。用利刀將長條切
成12片，大小一致。一次處理一片，夾在兩張不沾烘焙紙中間，用擀麵棍擀
成約6mm厚（圖3）。放在烤盤上。

❹ 烘烤20～25分鐘，或烤至表面金黃、酥脆；中途交換烤盤位置。

變化版

迷迭香丁香麻花捲

以30g（½杯）咖啡專用冰糖或別種粗糖、1½湯匙迷迭香碎末和¼茶匙丁香
粉，取代紅糖、核桃和肉桂粉。餅皮減為兩張，依照上述做法推疊成層，兩張
餅皮之間以及上層餅皮各撒一半的香料糖粉。用手指大力壓下餅皮，讓兩層黏
合起來。不要捲起餅皮，用大型利刀直接切成大小一致的12個長條。小心地扭
轉長條數次，接著放在烤盤上。烘烤20分鐘，或烤至表面金黃、變得酥脆；中
途須交換烤盤位置。

Tip

這款蝴蝶酥於完成當天食用完畢，風味最佳，也可放進保鮮盒，保存兩天。

Paris Brest

巴黎花圈

1981年，一位法國大廚為了紀念全程1,200公里、從巴黎騎到佩斯特，再折回巴黎的Paris-Brest-Paris單車賽事，而發明了巴黎花圈泡芙，環狀的外觀即代表單車的輪子。

| 份量：1個 | 準備時間：1小時20分鐘（＋冷藏）| 烹調時間：45分鐘 |

材料

＊1份法式泡芙餅皮（參見PP.40～41） ＊80g（¾杯）杏仁片
＊1½份蛋奶餡（參見P.349） ＊185ml（¾杯）動物性鮮奶油，打發至乾性發泡
＊165g（¾杯）細砂糖 ＊糖粉，撒在花圈上

做法

1. 烤箱預熱至200℃（400℉）。一個烤盤上鋪好不沾烘焙紙，描出一個直徑22cm的圓形，將紙翻面放好。

2. 大型擠花袋裝入1cm平緣擠花嘴（參見P.42），舀入餅皮麵糊。在烘焙紙上沿著圓圈擠出麵糊，擠成一個厚約2.5cm的圓環（圖1）。沿著內圈擠出另一個圓，預留3mm的膨脹空間（圖2）。在兩個圓環間的縫隙上方，擠出第三個環，接著用手指輕輕地弄順表面（圖3）。

3. 在麵糊上撒25g（¼杯）杏仁片，接著烘烤25分鐘，或至餅皮金黃、體積膨脹。移到冷卻架，完全放涼。

4. 同時，冷藏蛋奶餡至完全變冰。以切拌法拌入打發好的鮮奶油，再次冷藏至變硬。

5. 另一個烤盤鋪好不沾烘焙紙。砂糖和60ml（¼杯）水倒入平底鍋中，拌在一起，小火加熱。煮5分鐘，或至砂糖溶解；期間不時攪拌。轉成大火，煮到沸騰。沸煮5～7分鐘，不要攪拌。同時，麵團刷沾水後，沿著鍋壁刷下砂糖結晶。糖水煮成金黃色後，移開火源，倒入剩下的杏仁。立刻倒在烤盤上，靜置一旁，放涼凝固。扳成小塊，接著倒入食物調理機中，攪拌成極細的粉末。拌入冰的蛋奶餡。

6. 用鋸齒利刀將巴黎花圈泡芙水平切半。取出未烤熟的麵糊。下半部放在餐盤或大淺盤上。大型擠花袋裝入1cm平緣擠花嘴，舀入蛋奶餡。蛋奶餡擠入下半部的泡芙中。蓋上上半部，撒上糖粉。

Tip

• 完成當天食用完畢，風味最佳，因為果仁糖很快就會融化、失去原有質地。
• 如果想多加裝飾，新鮮的草莓切片是絕佳的搭配選擇。

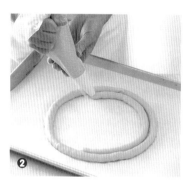

Cream Cheese and Cherry Strudel

奶油乳酪櫻桃餡餅

這其實是奧地利水果餡餅的懶人版,用的是現成薄片餅皮,而非自製的(需要拉長並擀成薄薄一層),但儘管餅皮不同,做出來的餡餅卻大同小異。還有其他內餡口味可以選擇,例如:蘋果和葡萄乾、奶油乳酪和櫻桃等。

| 份量:6人份 | 準備時間:40分鐘(+放涼) | 烹調時間:1小時 |

材料

＊2罐415g去核黑櫻桃(內有糖漿) ＊250g奶油乳酪 ＊110g(½杯)細砂糖
＊1茶匙天然香草精 ＊1顆蛋 ＊1顆蛋黃 ＊2湯匙中筋麵粉
＊125g奶油,融化 ＊8張薄片餅皮(參見Tip),常溫
＊70g(⅔杯)杏仁粉 ＊35g(⅓杯)杏仁片 ＊糖粉,食用前添加

做法

① 烤箱預熱至160℃(315℉)。網篩放在攪拌盆上,倒入櫻桃瀝乾,保留糖漿。

② 同時,奶油乳酪、砂糖、香草精、蛋和蛋黃倒入食物調理機中,拌勻即可;期間偶爾刮下附著碗壁的材料。倒入麵粉,拌勻。小心不要過度攪拌。

③ 一個大型烤盤刷上薄薄一層融化奶油。薄片餅皮放在工作檯上,蓋上微濕的抹布或毛巾。一張薄片放在抹好油的烤盤上,刷上厚厚一層融化奶油,撒上1湯匙杏仁粉。放上另一張薄片,刷上一些奶油,撒上1湯匙杏仁粉(圖1)。繼續疊上剩下的薄片、杏仁粉和奶油,最後應會剩下一點奶油。

④ 用橡膠刮刀在餅皮長邊約5cm的距離內抹上奶油乳酪,形成一個乳酪長條,輕輕壓入四分之一的櫻桃(圖2)。

⑤ 小心捲起餅皮,包住夾餡(圖3)。修齊餡餅邊緣。刷上剩下的奶油,撒上杏仁片。烘烤1小時,或至餅皮酥脆金黃、夾餡變硬。在烤盤上放涼。

⑥ 同時,保留的櫻桃糖漿倒入中型平底鍋中,煮到沸騰。中小火沸煮15分鐘,或至汁液收乾一半、稍微呈糖漿狀。移開火源,倒入剩下的櫻桃,放涼。

⑦ 食用前,用鋸齒刀將餡餅切片。撒上糖粉食用。櫻桃和收乾的糖漿另外盛裝,搭配食用。

Tip

現成的冷凍或冷藏薄片餅皮,市面上都買得到。冷藏餅皮比冷凍的更好操作、不易脆裂。如果要用冷凍薄片餅皮,先放進冷藏室解凍一晚。

法式焦糖泡芙塔

在法國，泡芙塔只會出現在特殊場合。croquembouche源自法文croquet en bouche，意思是「吃在嘴裡的酥脆感」。

| 份量：20人份 | 準備時間：2.5小時（＋放涼／冷藏） | 烘焙時間：1小時10～30分鐘 |

材料

＊2份法式泡芙餅皮（參見PP.40～41） ＊2份蛋奶餡（參見P.349）
＊125ml（½杯）現榨檸檬汁，濾掉殘渣 ＊2茶匙檸檬皮末
＊495g（2¼杯）細砂糖 ＊175g（½杯）透明玉米糖漿
＊鮮花，最後裝飾用

做法

❶ 烤箱預熱至200℃（400℉）。兩個烤盤上鋪好不沾烘焙紙。大型擠花袋裝入1cm平緣擠花嘴，接著舀入餅皮麵糊。在烤盤上擠出20顆直徑2.5cm的泡芙，預留膨脹空間。手指沾水，輕壓每顆泡芙的尖端。烘焙12～15分鐘，或至餅皮膨脹。爐溫降至180℃（350℉），交換烤盤位置，續烤15分鐘，或至餅皮金黃、變乾。移到冷卻架放涼。爐溫升至200℃（400℉）。在烤盤上擠出20顆泡芙，依照先前做法，輕壓尖端並烘烤。繼續烘烤泡芙；總共需要100顆。

❷ 製作蛋奶餡。在第二次倒入牛奶時，打入檸檬汁和檸檬皮末。冷藏直到完全變冰。擠花袋裝入5mm平緣擠花嘴，接著舀入蛋奶餡。用利刀的刀尖在每顆泡芙的底部刺出一個小洞，接著填入蛋奶餡至四分之三滿。

❸ 一個大型攪拌盆裝滿冰水。砂糖、玉米糖漿和250ml（1杯）水倒入小型平底鍋中。中小火攪拌至砂糖溶解，不要煮沸。煮到小滾，慢慢滾煮，待糖漿色澤變淺金；期間不要攪拌，同時將麵團刷沾水，沿著鍋壁刷下砂糖結晶。煮20～25分鐘，或至表面金黃。小心移開火源，鍋底浸入一碗冰水中1～2分鐘，避免持續加熱，並稍微放涼糖漿。平底鍋移開碗中，放在桌上（圖1）。

❹ 一次處理一顆泡芙，底部沾取焦糖，黏在直徑19cm、高26cm的泡芙塔模型底部。沿著模型擺放泡芙時，務必一個緊貼一個，完全放滿模型底部。持續沾取焦糖、沿著模型堆疊泡芙，堆到最上方。鮮花底部沾取焦糖，黏在泡芙塔上。

❺ 食用前，焦糖若凝固了，重新加熱。一隻叉子放入焦糖，黏住另一隻叉子的背面，待焦糖開始黏著兩隻叉子，迅速分開，將牽絲如網的焦糖沾附在泡芙塔上；若焦糖凝固，再重新加熱。也可以將兩隻叉子背對背放入焦糖，再淋上泡芙塔（圖3）。馬上食用。

❶

❷

❸

Tip
尚未放入夾餡的泡芙可放入保鮮盒，保存兩天，或者冷凍保存兩星期。

Croquembouche

Part 8 甜點

Desserts

Chocolate Fondant Puddings

熔岩巧克力布丁

因為各家烤箱的烘烤時間都不太一樣,這款布丁可能得多試幾次,才能抓準完美的烘烤時間。取出烤箱後要立刻食用,如果留在模中太久,內餡黏稠膏狀的美妙口感就會消失。

| 份量:10杯 | 準備時間:20分鐘 | 烹調時間:12分鐘 |

材料

＊無鹽奶油,融化,抹在模具上

＊無糖可可粉,撒在布丁上

＊250g 70%黑巧克力,切塊

＊170g無鹽奶油,切塊

＊4顆蛋,常溫

＊6顆蛋黃,常溫

＊150g(⅔杯)細砂糖

＊2湯匙動物性鮮奶油或柳橙利口酒(如Grand Marnier柑曼怡白蘭地橙酒)

＊150g(1杯)中筋麵粉

＊高脂／兩倍鮮奶油或香草冰淇淋,食用前添加

做法

❶ 烤箱預熱至200℃(400℉)。10個125ml(½杯)杯型布丁模或白瓷焗烤杯刷上厚厚一層融化奶油,撒上可可粉,轉動布丁模,使均勻裹粉,並敲掉多餘粉末。

❷ 巧克力和奶油倒入隔熱碗中,放在裝有熱水的平底鍋上隔水加熱(勿讓碗底碰到熱水),待材料融化、變得滑順;期間偶爾攪拌即可。碗取出鍋子,靜置一旁。

❸ 蛋、蛋黃和砂糖倒入中型攪拌盆裡,用裝有打蛋器的電動攪拌機打發4分鐘,或至非常濃稠泛白(圖1)。倒入巧克力,用球型打蛋器拌勻。倒入鮮奶油或利口酒,打發均勻。在攪拌盆上方過篩麵粉,用金屬大湯匙或刮刀以切拌法拌入,拌勻即可(圖2)。

❹ 舀入布丁模或焗烤杯(圖3),放在烤盤上,烘烤10～12分鐘,或至布丁上層凝固,但輕壓中間仍很柔軟即可。取出烤箱,布丁倒在餐盤上。搭配高脂鮮奶油或香草冰淇淋,立刻食用。

金黃糖漿卡士達布丁

這道傳統蒸布丁淋上了金黃糖漿,甜度頗高。安格斯醬無論是手工(參見PP.348～349)或現成的,都是最完美的綠葉。

| 份量:6人份 | 準備時間:20分鐘 | 烹調時間:1.5小時 |

材料

* 115g(⅓杯)金黃糖漿　* 2½湯匙檸檬汁
* 30g(½杯,未壓實)新鮮白麵包屑
* 150g無鹽奶油,軟化　* 150g(⅔杯)細砂糖
* 1½茶匙天然香草精　* 2顆蛋　* 1顆蛋黃
* 225g(1½杯)自發麵粉,過篩　* 80ml(⅓杯)牛奶
* 1份安格斯醬(參見PP.348～349),食用前添加

做法

1. 一個1.5L(6杯)布丁缽刷上薄薄一層融化奶油或食用油,接著倒過來,在不沾烘焙紙上描圓(圖1)。剪下圓形。

2. 金黃糖漿、檸檬汁和麵包屑倒入攪拌盆裡,攪拌均勻。倒入布丁缽中。

3. 奶油、砂糖和香草精用電動攪拌機打發至泛白乳化。分次倒入蛋和蛋黃,一次一顆,每次倒入後都要打發均勻。用金屬大湯匙拌入麵粉和牛奶,剛好拌勻即可。麵糊小心舀入布丁缽中,用湯匙背面抹順表面。

4. 剪下的圓形不沾烘焙紙蓋住布丁餡(圖2)。用蓋子緊緊蓋好布丁缽,或用繩子將數張鋁箔紙牢牢綁在缽緣。

5. 布丁缽放進大型平底鍋中,倒入滾水至八分滿。蒸煮1.5小時,或至布丁完全熟透;必要時添加滾水,讓水位保持半滿,同時確保水持續沸騰(圖3)。

6. 布丁缽小心取出平底鍋,掀開蓋子或鋁箔紙。布丁倒入餐盤,搭配安格斯醬一起食用。

Tip

以165g(½杯)果醬取代金黃糖漿,便能變成果醬布丁;果醬種類任你選擇。

Golden Syrup Pudding with Custard

鮮奶油、醬料和卡士達

香提伊鮮奶油 | 份量：500ml（2杯）|

材料
＊300ml動物性鮮奶油　＊2湯匙純糖粉，過篩
＊1條香草莢，縱向剖開、挖出種籽，或1茶匙天然香草精

做法
● 鮮奶油、糖粉和香草倒入中型攪拌盆裡，拌在一起。用球型打蛋器打至濕性發泡。馬上食用。

變化版

柳橙鮮奶油
打發前，2茶匙柳橙利口酒（如君度橙酒）倒入鮮奶油中。

玫瑰水鮮奶油
以½茶匙玫瑰水取代香草。

巧克力鮮奶油
以2湯匙過篩無糖可可粉取代香草。

焦糖奶油淋醬 | 份量：420ml（1⅓杯）|

材料
＊75g奶油　＊185g（1杯，未壓實）紅糖
＊185ml（¾杯）動物性鮮奶油

做法
● 奶油、紅糖和鮮奶油倒入小型平底鍋中，拌在一起。以小火攪拌，待紅糖溶解。煮到沸騰，接著轉小火滾2分鐘。趁熱食用。

黑巧克力淋醬 | 份量：300ml |

材料
＊150g黑巧克力，切塊　＊30g奶油，切塊
＊185ml（¾杯）動物性鮮奶油

做法
● 巧克力、奶油和鮮奶油倒入隔熱小碗，放在裝有熱水的平底鍋上隔水加熱（勿讓碗底碰到熱水）。拌至巧克力和奶油融化，巧克力醬滑順均勻。趁熱食用。

巧克力軟餡醬 | 份量：500ml（2杯）|

材料
＊200g黑巧克力，切塊　＊50g奶油
＊185ml（¾杯）動物性鮮奶油　＊1湯匙金黃糖漿

做法
● 巧克力、奶油、鮮奶油和金黃糖漿倒入小型平底鍋中，拌在一起。以小火攪拌，待巧克力和奶油融化，巧克力醬滑順均勻。趁熱食用。

Tip

焦糖奶油淋醬、黑巧克力醬和巧克力軟餡醬都可放入保鮮盒，冷藏保存四天。食用前重新加熱。

安格斯醬 | 份量：330ml（1⅓杯）|

材料
＊3顆蛋黃
＊2湯匙細砂糖
＊375ml（1½杯）牛奶
＊1條香草莢，縱向剖開、挖出種籽

做法
❶ 用球型打蛋器在中型攪拌盆裡打發蛋黃和砂糖，打發均勻即可。

❷ 牛奶、香草籽與香草莢一起倒入小型平底鍋中，以大火煮至滾燙（邊緣會冒出小泡泡）。若開始出現薄膜，要記得攪拌。取出香草莢，接著倒入蛋液中，用球型打蛋器拌勻。

❸ 洗淨平底鍋後，再倒回安格斯醬。用木匙以最小火不斷攪拌，務必拌到中央及邊緣的部分（這裡溫度最高），確保受熱均勻。剛好維持在沸騰溫度下，以免安格斯醬凝結。待湯匙背面裹了一層醬，且用手指劃一條線不會消失，就表示安格斯醬煮好了。

❹ 煮好後，趕快將安格斯醬倒進網篩、流入碗中，或馬上將平底鍋放進冰水，停止加熱。如果採取冰鎮方式，請在安格斯醬表面直接放上一張烘焙紙或或保鮮膜，防止薄膜形成；如果採取保持溫熱的方式，安格斯醬倒入碗中，置於一鍋熱水上。保存時，以保鮮膜密封碗口、冰進冰箱，可保存兩天。

變化版

白蘭地安格斯醬

蛋黃增加到4顆、細砂糖增加到110g（½杯）。以500ml動物性鮮奶油取代牛奶。拿掉香草莢。以小火攪拌5～6分鐘，或至醬汁變得稍微濃稠。食用前，拌入60ml（¼杯）白蘭地。份量為810ml（3¼杯）。

Tip

◆ 也可用2茶匙天然香草精取代安格斯醬裡的香草莢，煮好安格斯醬再倒進去即可。

◆ 如果安格斯醬有點凝結，移開火源、倒入1茶匙冰水，攪拌均勻，即可防止繼續凝結，但是做好的安格斯醬無法完全滑順。

蛋奶餡 │ 份量：660g（2⅔杯）│

材料

＊1條香草莢，縱向剖開、挖出種籽　＊250ml（1杯）牛奶
＊250ml（1杯）動物性鮮奶油　＊4顆蛋黃　＊150g（⅔杯）細砂糖
＊2湯匙中筋麵粉　＊1湯匙玉米粉

做法

❶ 香草籽、牛奶和鮮奶油倒入中型厚底平底鍋中，以中火加熱至剛好沸騰。移開火源。

❷ 蛋黃和砂糖倒入攪拌盆裡，用電動攪拌機打發至濃稠泛白。過篩麵粉和玉米粉，接著拌入蛋黃中，直到麵糊變得滑順均勻。一半的熱牛奶倒入蛋黃中，拌至滑順，接著拌入剩下的牛奶。平底鍋洗乾淨。材料倒回鍋中。

❸ 用球型打蛋器不停攪拌，防止團塊產生。以中火慢慢煮至沸騰。轉小火、持續沸騰2分鐘，期間不時攪拌。蛋奶餡應變得濃稠滑順。移開火源。倒入玻璃或金屬碗中，在表面放上一張圓形烘焙紙，防止薄膜形成，放涼至常溫。用球型打蛋器打至滑順，再依需求使用。放入保鮮盒，可冷藏保存兩天。

Cream, Sauces and Custards

Sticky Date Puddings

棗泥布丁

這款人氣布丁在成為家庭手做甜點前,就已在餐廳和咖啡廳打響知名度。棗泥布丁外表樸實無華,甜度很高,不須太多技巧就能做好,材料除了新鮮紅棗和鮮奶油外,廚房裡一定都有。

| 份量:6人份 | 準備時間:20分鐘(+放涼) | 烹調時間:40分鐘 |

材料

* 200g(1¼杯)新鮮紅棗,去核切塊 * 1茶匙小蘇打 * 80g奶油,軟化
* 150g(¾杯,未壓實)紅糖 * 2顆蛋
* 150g(1杯)自發麵粉 * 動物性鮮奶油,食用前添加

焦糖奶油淋醬

* 75g奶油 * 185g(1杯,未壓實)紅糖 * 185ml(¾杯)動物性鮮奶油

做法

① 烤箱預熱至180℃(350℉)。六孔185ml(¾杯)馬芬模內刷上薄薄一層融化奶油或食用油,底部鋪上剪成圓形的不沾烘焙紙。

② 紅棗和250ml(1杯)水倒入小型平底鍋裡,中大火加熱。煮到沸騰,接著轉中小火,煮5分鐘(圖1)。移開火源,拌入小蘇打,靜置放涼至常溫。

③ 奶油和紅糖倒入中型攪拌盆裡,用電動攪拌機打發至泛白乳化。倒入蛋,打發均勻。用金屬大湯匙或刮刀輕輕拌入麵粉和棗泥,拌勻即可。麵糊均分到模孔中(圖2)。烘烤30分鐘,或至布丁膨脹、觸感變硬(中間仍稍微有些黏稠)。馬上用抹刀沿布丁邊緣劃一圈、布丁脫膜移到冷卻架。

④ 同時製作焦糖奶油淋醬。奶油、紅糖和鮮奶油倒入小型平底鍋中,小火拌至奶油融化、紅糖溶解(圖3)。煮到沸騰,接著轉小火,沸煮2分鐘。

⑤ 熱布丁放在餐盤上。淋上熱騰騰的焦糖奶油淋醬,立刻搭配鮮奶油一起食用。

Tip

這款布丁也可倒入六個刷好油、鋪好紙的185ml(¾杯)白瓷焗烤杯中烘烤。

覆盆子檸檬舒芙蕾

製作熱騰騰的舒芙蕾沒什麼好怕的。舒芙蕾之所以會膨脹，在於打入蛋白中的空氣因烤箱高溫而體積增加。訣竅就是打發好的蛋白拌入覆盆子泥時，動作要很輕柔。此外，立刻食用，不要耽擱。

| 份量：10人份 | 準備時間：20分鐘（＋放涼和冷藏） | 烹調時間：18分鐘 |

材料

* 300g新鮮或解凍過的冷凍覆盆子　* 1顆檸檬皮末和檸檬汁
* 110g（½杯）細砂糖，另準備150g（⅔杯）　* 3茶匙玉米粉
* 30g奶油，軟化　* 5顆蛋白，常溫
* 糖粉，撒在舒芙蕾上　* 150g新鮮覆盆子，食用前添加

做法

① 覆盆子倒入食物調理機中，攪拌成泥。倒入細網篩，用大湯匙壓入攪拌盆裡。丟掉種籽。秤125ml（½杯）的覆盆子泥。

② 秤好的覆盆子泥和1湯匙濾過的檸檬汁、砂糖以及2湯匙的水一起倒入小型平底鍋中，小火拌至砂糖溶解。轉成中火，煮到沸騰。移開火源。玉米粉和3茶匙的水拌在一起，一邊倒入覆盆子泥中，一邊不斷打發。放回爐上，中火煮1分鐘，期間持續打發。移開火源，倒入大型隔熱碗中，稍微放涼，接著放進冰箱冷藏。

③ 烤箱預熱至200℃（400℉）。10個185ml（¾杯）舒芙蕾模刷上軟化奶油；最好的方式是用麵團刷刷好底部後，往上刷好側邊（圖1）。撒上75g（⅓杯）另外準備的砂糖，轉動模具，使均勻裹上，接著敲掉多餘的糖。模具放在烤盤上。

④ 蛋白倒入乾淨無水的大型攪拌盆裡，用裝有打蛋器的電動攪拌機打發至濕性發泡。慢慢倒入剩下的75g（⅓杯）砂糖，每次倒入後都要打發均勻，變得濃稠光滑。覆盆子泥取出冰箱。倒入三分之一的蛋白，用金屬大湯匙或刮刀以切拌法輕輕拌入（圖2），幾近拌勻即可。倒入剩下的蛋白和檸檬皮末，以切拌法輕輕拌入，剛好拌勻即可。

⑤ 混合物舀入舒芙蕾模具中，用大型抹刀弄順表面。在椅子上輕敲，敲掉裡面的氣泡。用拇指尖滑過模具邊緣，形成一個溝槽（圖3），這有助舒芙蕾均勻膨脹。

⑥ 模具放在烤盤上，烘烤12分鐘，或至舒芙蕾體積膨脹、色澤轉為金黃。取出烤箱，撒上糖粉，立刻搭配新鮮覆盆子一起食用。

Raspberry and Lemon Soufflés

Rhubarb, Apple and
Strawberry Crumble

草莓大黃松仁香酥派

倘若你沒試過這些冬季蔬果的組合，那這份食譜絕對可以滿足你的口腹之欲。這些蔬果在這款香酥塔食譜中搭配得好極了，帶有肉桂味的甜頂餡完美平衡了大黃的微酸滋味。

───────────────────────────────

| 份量：6～8人份 | 準備時間：15分鐘 | 烹調時間：30～35分鐘 |

材料

＊600g翠玉青蘋果　＊2茶匙檸檬汁　＊350g去葉大黃

＊250g草莓，去蒂，大顆的切半

＊1條香草莢，縱向剖開、挖出種籽

＊140g（⅔杯）糖

＊香草冰淇淋，食用前添加

香酥頂層

＊75g（¾杯）麥片　＊75g（½杯）中筋麵粉

＊110g（½杯）糖　＊½茶匙肉桂粉

＊90g冰過的無鹽奶油，切丁

做法

❶ 烤箱預熱至200℃（400℉）。

❷ 蘋果削皮，切成1.5～2cm的小塊。蘋果塊和檸檬汁一起倒入大型攪拌盆裡拌勻。大黃切成2.5cm長（圖1）。倒入蘋果、草莓、香草籽和糖，晃動攪拌盆使拌勻（圖2）。倒入六個250ml（1杯）耐熱白瓷焗烤杯或盤子中。

❸ 製作香酥頂層。麥片、麵粉、糖和肉桂粉倒入中型攪拌盆裡，拌勻。用指尖搓進奶油（圖3），與材料充分融合。頂層完成後，均勻撒在水果餡料上。

❹ 烘烤30～35分鐘，或烤至表面金黃、開始冒泡。如果上色太快，則在上頭放一張鋁箔紙。搭配香草冰淇淋一起食用。

Tip

這款塔也可用一個1.5L（6杯）的耐高溫盤烘烤。爐溫設定相同，烘烤50～60分鐘。

Crème Brulée

烤布蕾

這款食譜美妙地結合了冰過的烤卡士達和酥脆的焦糖頂層，是大多數餐館的必備甜點。在法文中，烤布蕾的原意是「燒焦的鮮奶油」。這款甜點在家做其實不難，尤其如果你家有廚房專用噴槍的話（不過這並非必要）。

| 份量：6杯 | 準備時間：15分鐘（＋靜置20分鐘和冷藏3小時） | 烹調時間：25分鐘 |

材料

＊750ml（3杯）動物性鮮奶油

＊1條香草莢，縱向剖開、挖出種籽

＊6顆蛋黃

＊75g（⅓杯）細砂糖，另準備110g（½杯），撒在布蕾上

做法

① 烤箱預熱至160℃（315℉）。六個160ml（⅔杯）耐熱白瓷焗烤杯放在大型烤盤中。

② 鮮奶油和香草籽倒入中型平底鍋中，煮到幾近沸騰。移開火源。

③ 蛋黃和砂糖倒入大型攪拌盆裡，用球型打蛋器打發均勻。打入熱鮮奶油，拌勻即可（不要打到起泡）。剛製作好的卡士達醬過濾到液態量杯中，均分到白瓷焗烤杯。用湯匙撈起表面的氣泡（圖1）。

④ 烤盤倒入滾水，至焗烤杯一半的位置左右。烘烤20分鐘，或至卡士達醬凝固，但輕搖焗烤杯時中間仍有些晃動。移到冷卻架，靜置15分鐘，稍微放涼。冰進冰箱3小時，或至充分變冰；焗烤杯不需蓋上。

⑤ 均勻撒上另外準備的砂糖（圖2），用廚房專用噴槍（參見Tip）將砂糖烤成焦糖（圖3）。靜置5分鐘，讓焦糖在食用前可以放涼凝固。如果沒有噴槍，可將另外準備的砂糖和2湯匙的水倒入小型厚底平底鍋中，小火煮2分鐘，或至砂糖溶解；期間不時攪拌。煮到沸騰，麵團刷沾水後，沿著鍋壁刷下砂糖結晶。煮5分鐘，或至糖漿呈深褐色；期間不要攪拌。移開火源，待氣泡消散。均勻倒上放涼的卡士達醬，靜置1分鐘，或至焦糖凝固。

變化版

香草草莓烤布蕾
白瓷焗烤杯底抹上2茶匙草莓醬，再倒入卡士達醬。

Tip

將烤布蕾上層的砂糖烤成焦糖，最快的方法就是使用廚房專用小型噴槍，可在專門廚具店購得。

❶

❷

❸

香草烤布丁佐酒漬葡萄乾

歐美人士只消吃一口這款綿密柔軟的烤布丁，腦中就會瞬間浮現兒時與家人共進晚餐的回憶，不過酒漬葡萄乾的大人味道會立刻將你拉回現在。只要拿掉酒漬葡萄乾，用新鮮水果代替，就能做出一款讓孩子記憶深刻的烤布丁。

| 份量：6～8人份 | 準備時間：15分鐘（＋冷藏2小時） | 烹調時間：40～45分鐘 |

材料

＊750ml（3杯）牛奶 ＊250ml（1杯）動物性鮮奶油

＊1條香草莢，縱向剖開、挖出種籽 ＊6顆蛋，常溫 ＊110g（½杯）細砂糖

酒漬葡萄乾

＊100g亞歷山大麝香葡萄乾

＊125ml（½杯）佩德羅希梅內斯白葡萄酒（Pedro Ximenez）或瑪薩拉白葡萄酒（Marsala）

做法

① 烤箱預熱至160℃（315℉）。一個18×25cm、1½L（6杯）耐高溫淺盤刷上融化奶油或食用油，放入大型烤盤裡。

② 牛奶、鮮奶油和香草籽倒入中型平底鍋中，拌在一起，煮到幾近沸騰。

③ 蛋和砂糖倒入大型攪拌盆裡，用球型打蛋器打發均勻。打入方才加熱的牛奶，拌勻。用網篩過濾到淺盤中（圖1）。大型烤盤中倒入半分滿的滾水。烘烤35～40分鐘，或至卡士達醬頂層凝固，但輕搖烤盤時中間仍然有些晃動。取出烤箱，靜置放涼（圖2）。蓋上蓋子，冷藏2小時，或至卡士達變冰。

④ 同時製作酒漬葡萄乾。亞歷山大麝香葡萄乾、佩德羅希梅內斯或瑪薩拉白葡萄酒以及2湯匙水倒入小型平底鍋中，拌在一起。小火煮到小滾（圖3）。移開火源，靜置2小時，泡軟葡萄乾。

⑤ 烤布丁上倒入浸泡好的酒漬葡萄乾和汁液一起食用。

變化版

巧克力烤布丁

不用香草籽，在熱牛奶和鮮奶油中，融化100g的黑巧克力碎塊。

咖啡烤布丁

不用香草籽，以新鮮烘焙的濃縮咖啡取代80ml（⅓杯）牛奶。

*Vanilla Baked Custard
with Drunken Muscatels*

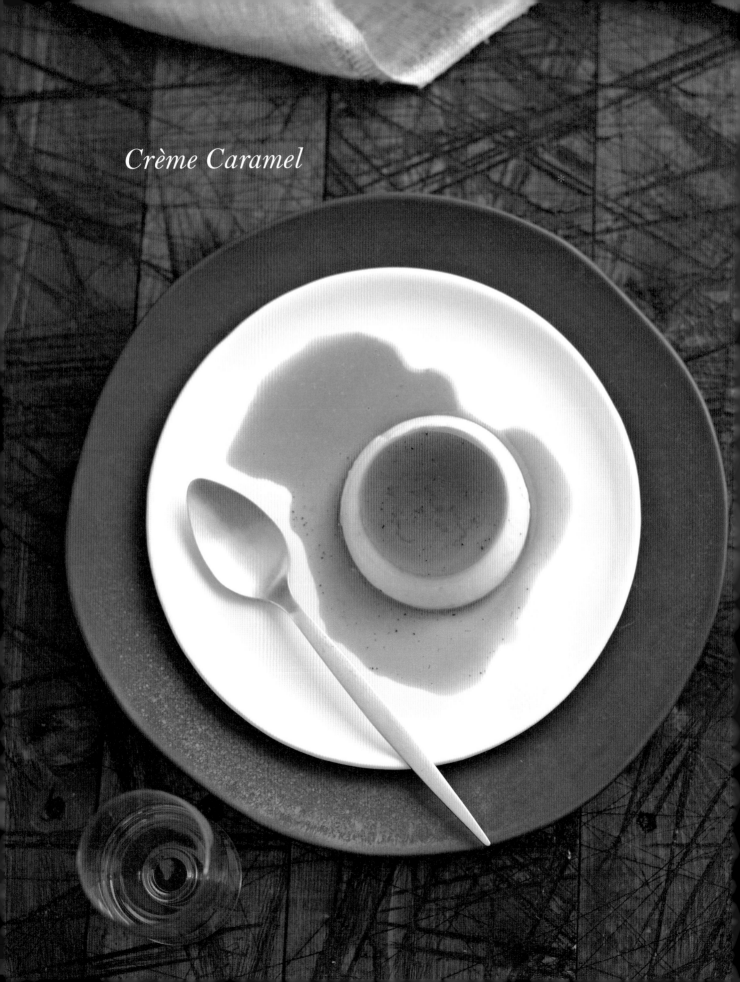

Crème Caramel

焦糖布丁

如果你想驚艷全場，製作這款甜點就對了。雖然這是一款傳統的法式甜點，不過絲滑柔順的烤布丁在西班牙和義大利也各自有不同的變化版本。

| 份量：6人份 | 準備時間： 15分鐘（靜置30分鐘、放涼和冷藏2小時） | 烹調時間：50分鐘 |

材料

＊220g（1杯）細砂糖　＊600ml牛奶

＊1條香草莢，縱向剖開、挖出種籽　＊4顆蛋　＊2顆蛋黃

做法

① 175g砂糖和80ml（⅓杯）水倒入小型平底鍋中，小火拌至砂糖溶解。轉中大火，煮到沸騰。沸煮6～7分鐘，或至糖水轉為深焦糖色。動作迅速而小心地將糖水移開火源，倒入2湯匙冷水。放回爐上，煮到小滾，輕搖鍋子，使均勻混合。煮2分鐘，或至糖水變得滑順。六個185ml（¾杯）杯型布丁模或耐熱白瓷焗烤杯放在烤盤上，焦糖均分倒入（圖1）。靜置30分鐘，待其凝固。烤箱預熱至160℃（315℉）。

② 牛奶和香草籽倒入小型平底鍋裡，中火加熱至幾近沸騰。移開火源。蛋和蛋黃倒入大型攪拌盆裡，用球型打蛋器打發均勻。倒入剩餘砂糖和熱牛奶，攪拌均勻。倒入細網篩中，過濾到液態量杯裡（圖2）。

③ 均分到模具中，烤盤倒入熱水，至布丁模一半的位置左右。烘烤35分鐘，或至卡士達醬凝固，但輕搖布丁模時中間仍有些晃動。取出烤盤，放涼至常溫。用保鮮膜包住每一個布丁模，冷藏2小時，或至布丁變冰。

④ 食用前，用指尖輕壓卡士達上層，使布丁鬆脫（圖3）。模具倒扣於餐盤上，快速而輕柔地搖晃，讓布丁脫離模具。剩餘焦糖布丁比照辦理。馬上食用。

變化版

柳橙焦糖布丁

1顆柳橙皮末拌入過濾好的卡士達醬，再烘烤布丁。

蘭姆焦糖布丁

使用540ml牛奶。80ml（⅓杯）蘭姆酒拌入卡士達醬，再烘烤布丁。

咖啡焦糖布丁

20g（¼杯）研磨成細粉的濃縮咖啡豆和牛奶一起加熱，接著靜置一旁，浸泡30分鐘。牛奶倒入打發好的蛋之前，先用細網篩過濾。

杏桃克拉芙緹塔

這款傳統甜點來自法國利木森地區，可讓你善用各種當季水果，做出絕妙美味。杏桃、櫻桃、甜桃、李子等帶核水果都很適合搭配這道食譜中濃郁的「類」卡士達麵糊。食譜中還加了杏仁粉，可為麵糊增添香濃味道。

| 份量：8～10人份 | 準備時間：10分鐘 | 烹調時間：25～35分鐘 |

材料

* 400g熟杏桃，剖半去核
* 1½茶匙糖粉，另準備適量，撒在塔上
* 125g（1¼杯）杏仁粉
* 220g（1杯）細砂糖
* 2湯匙中筋麵粉
* 500ml（2杯）動物性鮮奶油
* 4顆蛋，常溫
* 6顆蛋黃，常溫

做法

① 烤箱預熱至180℃（350℉）。一個24cm、2L（8杯）的方形耐高溫盤刷上奶油。杏桃擺在盤中，切口朝上或朝下皆可（圖1）。在杏桃上過篩糖粉。

② 杏仁粉、砂糖和麵粉倒入食物調理機中，攪拌5秒。倒入鮮奶油、蛋和蛋黃，攪拌至滑順（圖2）。倒入液態量杯中。

③ 麵糊倒在杏桃上（圖3）。

④ 烘烤25～35分鐘，或至麵糊膨脹、呈金黃色、中央剛好凝固；烘烤20分鐘後請檢查一下。

⑤ 撒上另外準備的糖粉，馬上食用。

Tip

這款克拉芙緹塔也可改用400g的去核櫻桃製作。烘烤時間一樣。

Apricot Clafoutis

Berry and Passionfruit Pavlova

莓果百香巴伐洛娃蛋糕

每位廚師都應該會做巴伐洛娃蛋糕。這款蛋糕隨時可做，因為所需材料很少、準備工作省時省力，而且成品普遍受到喜愛。你可以在鮮奶油上擺放任何時令水果，或是直接撒上黑巧克力碎末。

| 份量：8人份 | 準備時間：20分鐘（＋放涼） | 烹調時間：1小時20分鐘 |

材料

* 4顆蛋白，常溫
* 220g（1杯）細砂糖
* 1湯匙玉米粉
* 1茶匙白醋

頂層

* 300ml動物性鮮奶油
* 2顆百香果，切半，取出果肉
* 250g草莓，去蒂切片
* 125g（1杯）覆盆子

做法

1. 烤箱預熱至110℃（225℉）。在一張不沾烘焙紙上畫出直徑20cm的圓形。翻面鋪在烤盤上。烘焙紙刷上一些融化奶油、撒上一些麵粉（圖1）。

2. 蛋白倒入乾淨無水的大型攪拌盆裡。用裝有打蛋器的電動攪拌機打發至濕性發泡。開關繼續開著，慢慢倒入砂糖，每次倒入後都要打發均勻。持續打發6～7分鐘，或至蛋白非常濃稠光滑。

3. 過篩好的玉米粉和醋以切拌法拌入蛋白霜（圖2）。舀到烤盤上，用刮刀均勻抹在圓圈的範圍內（圖3）。弄平側邊。

4. 烘烤1小時20分鐘，或至蛋白霜外表酥脆，但未上色。關掉烤箱。在烤箱裡完全放涼，用木匙抵住箱門，讓箱門稍微打開。

5. 食用前，鮮奶油倒入中型攪拌盆裡，用裝有打蛋器的電動攪拌機或球型打蛋器打發至濕性發泡。鮮奶油抹上巴伐洛娃蛋糕，接著舀上一半的百香果果肉。最上面擺放一半的草莓和覆盆子。淋上剩下的百香果果肉，搭配剩餘莓果一起食用。

Tip

最好於天氣乾燥、濕度很低時製作巴伐洛娃蛋糕，否則空氣中的濕氣會使蛋白霜「流淚」。

迷你焦糖無花果巴伐洛娃蛋糕

這款迷你巴伐洛娃蛋糕做法簡單，驚艷程度恰到好處。其蛋白霜帶有一絲紅糖的焦糖風味，焦糖無花果亦產生呈現了優雅的視覺效果。

| 份量：4人份 | 準備時間：30分鐘（＋放涼2～3小時） | 烹調時間：35分鐘 |

材料

＊3顆蛋白，常溫　＊110g（½杯）細砂糖　＊60g（¼杯，壓實）紅糖
＊½茶匙天然香草精　＊1茶匙白醋　＊250ml（1杯）動物性鮮奶油
＊糖粉，撒在蛋糕上　＊2湯匙杏仁條，烤過

焦糖無花果

＊20g奶油　＊1湯匙紅糖　＊4顆新鮮無花果，切成三塊

做法

① 烤箱預熱至160℃（315℉）。兩個烤盤刷上融化奶油或食用油，接著鋪上不沾烘焙紙。

② 蛋白倒入乾淨無水的中型攪拌盆裡，用裝有打蛋器的電動攪拌機打發至濕性發泡。分次慢慢倒入兩種糖，一次一湯匙，每次倒入後都要打發均勻（圖1），待蛋白變濃稠光滑。倒入香草精和醋，打發30秒，或至打發均勻即可。

③ 用金屬湯匙將四分之一的蛋白霜倒入烤盤上。用湯匙背面稍微抹開蛋白霜，接著在上面壓出凹洞（圖2）。剩餘蛋白霜比照辦理，總共做出四個迷你巴伐洛娃蛋糕。

④ 烘烤30分鐘，或至蛋白霜外表酥脆，輕彈底部時聽起來是空心的。關掉烤箱。在烤箱裡完全放涼，用木匙抵住箱門，讓箱門稍微打開。

⑤ 鮮奶油倒入中型攪拌盆裡，用裝有打蛋器的電動攪拌機打發至濕性發泡。蓋好並冰進冰箱。

⑥ 製作焦糖無花果。奶油倒入中型炒鍋中，中大火融化至冒泡。倒入紅糖，煮1分鐘，或至紅糖溶解；期間不時攪拌。放入無花果，切口朝下，每面煎3～4分鐘，或至果肉焦糖化（圖3）（煎煮時間視無花果的熟度而定）。

⑦ 食用前，迷你巴伐洛娃蛋糕放在餐盤上，撒上薄薄一層糖粉，抹上鮮奶油，放上焦糖無花果，並撒上杏仁條。

Tip

這款蛋糕可以提前四天做好。放入保鮮盒並置於陰涼處保存。

Mini Pavlovas with Caramelised Figs

Meringue and Berry Torte

莓果蛋白霜蛋糕

這款絕妙蛋糕相當討喜，外表就像一個三層巴伐洛娃蛋糕。三塊蛋白霜上放著發泡鮮奶油和莓果，因此堆疊起來並不難。不過前提是必須先將蛋白霜做好，才能維持形狀、不致變形。

| 份量：8～10人份 | 準備時間：20分鐘（＋放涼）| 烹調時間：45分鐘 |

材料

＊6顆蛋白，常溫

＊330g（1½杯）細砂糖

＊1茶匙天然香草精

＊1湯匙玉米粉

＊300ml動物性鮮奶油，打發

＊2湯匙糖粉，另準備適量，撒在蛋糕上

＊500g綜合新鮮莓果

做法

❶ 烤箱預熱至120℃（235℉）。三個烤盤上鋪好不沾烘焙紙。每張不沾烘焙紙上畫出直徑22cm的圓圈（圖1），接著翻面。

❷ 蛋白倒入乾淨無水的大型攪拌盆裡，用裝有打蛋器的電動攪拌機以中速打發至濕性發泡。分次慢慢倒入砂糖，一次一湯匙，每次倒入後都要打發均勻。持續打發，待糖溶解，且蛋白霜變得非常濃稠光滑。打入香草精和玉米粉。

❸ 蛋白霜均分到圓圈上，用刮刀或抹刀小心地抹到圓圈邊緣（圖2）。烘烤40～45分鐘，或至蛋白霜外表酥脆；中途交換烤盤位置。關掉烤箱。在烤箱裡完全放涼，箱門稍微打開。

❹ 製作夾餡。鮮奶油和糖粉倒入小型攪拌盆裡，用裝有打蛋器的電動攪拌機打發至乾性發泡。

❺ 放涼的蛋白霜放在餐盤上，抹上一半的鮮奶油，放上一半的莓果（圖3）。放上另一塊蛋白霜，剩餘鮮奶油和莓果比照辦理。再放上最後一塊蛋白霜。撒上另外準備的糖粉，馬上食用。

Tip

◆ 若想將蛋白打發至最大體積，務必使用常溫的蛋白，以及乾淨無水的攪拌盆。

◆ 蛋白霜基底放入鋪有烘焙紙的保鮮盒，可保存四天。

榛果巧克力蛋白霜蛋糕

這款美麗的蛋糕結合了巧克力、蛋白霜和榛果，相當吸引人。可以事先做好，而且肯定是親朋好友會一再要求製作的甜點。

| 份量：6人份 | 準備時間：1小時（＋放涼／靜置和隔夜冷藏） | 烹調時間：35分鐘 |

材料

＊135g（1杯）烤過去皮的榛果　＊4顆蛋白，常溫　＊220g（1杯）細砂糖
＊1茶匙天然香草精　＊1茶匙白醋　＊200g 70%黑巧克力，融化

巧克力慕斯

＊150g黑巧克力，切小碎塊　＊375ml（1½杯）動物性鮮奶油

做法

① 烤箱預熱至160℃（315℉）。兩個大型烤盤鋪上不沾烘焙紙。其中一個烤盤的紙上畫兩個10×25cm的長方形，之間預留膨脹空間；另一個烤盤則畫上一個長方形即可。兩張紙皆須翻面。

② 115g（¾杯）榛果切成小碎塊。剩下榛果則切大塊，放進保鮮盒裡。

③ 蛋白倒入中型攪拌盆裡，用裝有打蛋器的電動攪拌機打發至濕性發泡。以一次一些的方式慢慢倒入砂糖，每次倒入後都要打發均勻。繼續打發2～3分鐘，或至蛋白非常濃稠光滑。倒入香草精和醋，再打30秒，或打發至均勻。用金屬大湯匙或刮刀以切拌法輕輕拌入榛果碎塊。

④ 蛋白霜均分到三個長方形的範圍內，用抹刀均勻抹開。烘烤30分鐘，或至觸感變乾。關掉烤箱。在烤箱裡完全放涼，用木匙抵住箱門，讓箱門稍微打開。

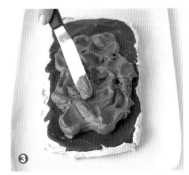

⑤ 四分之三的融化巧克力抹上放涼的蛋白霜，靜置一旁待凝固。保留剩下的融化巧克力。

⑥ 製作巧克力慕斯。巧克力倒入隔熱碗中。100ml鮮奶油煮到剛好沸騰，接著倒入巧克力中。靜置1分鐘，接著輕輕拌至巧克力融化、材料均勻混合。靜置於常溫下，完全放涼。

⑦ 巧克力放涼後，用裝有打蛋器的電動攪拌機打發剩下的鮮奶油至濕性發泡（圖1，不要打過頭，否則等一下會凝結）。倒入巧克力，用刮刀或金屬大湯匙以切拌法拌至均勻（圖2）。冷藏1小時，或至慕斯變硬。

⑧ 其中一塊蛋白霜放在餐盤上。抹上一半的巧克力慕斯（圖3）。繼續堆疊剩下的蛋白霜和慕斯，最上層應是蛋白霜。先前保留的巧克力再次加熱融化，淋上蛋糕，冷藏一晚。

⑨ 食用前1小時取出冰箱。撒上切成大塊的榛果，便可享用。

Hazelnut and Chocolate Meringue Torte

*Raspberry and
Vanilla Vacherin*

覆盆子香草瓦虛朗蛋糕

這款瓦虛朗蛋糕要歸功於法國人的巧手，以蛋白霜和冰淇淋堆疊而成，令人驚艷又簡單好做。這份食譜使用的是現成冰淇淋，不過你當然可以使用自己最愛的手工冰淇淋，例如巧克力搭配烤榛果就是很棒的組合。

| 份量：10人份 | 準備時間：40分鐘（＋放涼和靜置） | 烹調時間：2小時15分鐘 | 冷凍時間：3小時 |

材料

＊3顆蛋白，常溫　＊220g（1杯）細砂糖　＊600ml香草冰淇淋
＊125g冷凍覆盆子　＊125ml（½杯）動物性鮮奶油
＊2湯匙開心果，烤過，切小碎塊　＊125g（1杯）新鮮覆盆子，食用前添加
＊糖粉，撒在蛋糕上

覆盆子泥

＊250g冷凍覆盆子　＊2湯匙細砂糖　＊1湯匙檸檬汁

做法

❶ 烤箱預熱至150℃（300℉）。在一張不沾烘焙紙上，描出兩個直徑18cm的圓圈。翻面，鋪在一個大型烤盤上。

❷ 用裝有打蛋器的電動攪拌機打發蛋白和2湯匙砂糖至濕性發泡。開關繼續開著，分次慢慢倒入110g（½杯）砂糖，一次一湯匙，每次倒入後都要打發均勻，待蛋白非常濃稠光滑。用刮刀或金屬大湯匙以切拌法拌入剩餘砂糖，攪拌均勻。

❸ 蛋白霜均分到兩個圓圈，用抹刀均勻抹開（圖1）。烘烤8分鐘，或至蛋白霜開始凝固。爐溫降至90℃（190℉），續烤2小時，或至蛋白霜變得又脆又乾。移到冷卻架放涼。

❹ 同時製作覆盆子泥。所有材料倒入中型平底鍋裡，蓋上鍋蓋，中火煮3分鐘。拌至砂糖溶解、覆盆子化開。將火轉大，煮到沸騰。轉小火，小滾煮5分鐘。

❺ 一個直徑20cm扣環式活動蛋糕模鋪上不沾烘焙紙。放進一塊蛋白霜，必要時修掉一些邊，直到能放進模具裡（圖2）。

❻ 冰淇淋挖進大型攪拌盆裡，靜置於常溫下5～10分鐘，或至稍微軟化、但未融化。倒入冷凍覆盆子，迅速攪拌均勻。舀入模具中，用湯匙背面輕壓，擠出氣泡（圖3）。放上另一塊蛋白霜，必要時修掉一些邊，直到能放進模具裡。以保鮮膜密封模口，冷凍3小時，或至蛋糕變硬。

❼ 食用前，用裝有打蛋器的電動攪拌機打發鮮奶油至濕性發泡。蛋糕取出冰箱、拿出模具，移到一個冰過的餐盤上。抹上鮮奶油、撒上開心果，最後放上新鮮覆盆子。撒上糖粉，搭配覆盆子泥一起食用。

Tip

食用前，可能得將蛋糕靜置於常溫下5～10分鐘，稍微軟化。大型利刀沾熱水並擦乾，將蛋糕切片。

紐約乳酪蛋糕

美國人很愛吃乳酪蛋糕，特別是這款他們宣稱是自己發明的紐約乳酪蛋糕。這種乳酪蛋糕奶香味重、口感滑順且十分綿密，通常頂層會抹上酸奶油。

| 份量：10～12人份 | 準備時間：30分鐘（＋放涼和隔夜冷藏） | 烹調時間：35分鐘 |

材料

＊250g原味甜餅乾，扳成小塊 ＊100g奶油，融化
＊現磨肉荳蔻，撒在蛋糕上 ＊百香果肉，食用前添加

夾餡

＊750g奶油乳酪，常溫 ＊150g（⅔杯）細砂糖
＊2顆蛋，常溫 ＊1湯匙檸檬汁

頂層

＊370g（1½杯）酸奶油 ＊2湯匙細砂糖 ＊¼茶匙天然香草精

做法

❶ 烤箱預熱至190℃（375℉）。一個直徑23cm扣環式活動蛋糕模刷上薄薄一層融化奶油或食用油。

❷ 餅乾倒入食物調理機中，攪打成極細的粉末。用平底玻璃杯將餅乾粉末均勻壓進模具的底部和側邊；側邊壓到約5cm高（圖1）。冷藏備用。

❸ 製作夾餡。用電動攪拌機打發奶油乳酪和砂糖，直到滑順。一次倒入一顆蛋，每次倒入後都要打發均勻（圖2）。打入檸檬汁。奶油乳酪倒進餅乾基底，用刮刀均勻抹開。烘烤30分鐘，或至蛋糕凝固。取出烤箱，靜置放涼至常溫。

❹ 爐溫升至220℃（425℉）。開始製作頂層。用電動攪拌機打發酸奶油、砂糖和香草精，直到變得滑順（圖3）。倒在放涼的乳酪蛋糕上，用小刮刀均勻抹開。烘烤3分鐘，或至表面出現光澤。移到冷卻架，留在模具中完全放涼。蓋好並冷藏一晚。

❺ 撒上薄薄一層肉荳蔻粉，舀上一些百香果果肉。馬上食用。

Tip

這款乳酪蛋糕也很適合搭配草莓、香蕉片、李子片或幾滴蜂蜜。

New York Cheesecake

White Chocolate and Raspberry Cheesecake

白巧克力覆盆子乳酪蛋糕

| 份量：8～10人份 | 準備時間：20分鐘（＋放涼10分鐘） | 烹調時間：1小時5分鐘 |

材料

＊180g白巧克力，切塊

＊1顆柳橙

＊650g奶油乳酪，常溫

＊220g（1杯）細砂糖

＊1條香草莢，縱向剖開、挖出種籽

＊3顆蛋，常溫，稍微打過

＊125g（1杯）覆盆子

＊糖粉，撒在蛋糕上

做法

❶ 烤箱預熱至170℃（325℉）。一個18×28cm方形烤盤刷上融化奶油或食用油，鋪好不沾烘焙紙，讓紙露出模外。

❷ 巧克力倒入隔熱碗，放在裝有熱水的平底鍋上隔水加熱（勿讓碗底碰到熱水），用金屬湯匙偶爾攪拌（圖1），直到融化滑順。靜置10分鐘放涼。

❸ 同時，用細孔刨磨器刨下柳橙皮末，靜置一旁。柳橙榨汁、過濾。秤80ml（⅓杯）的柳橙汁。

❹ 奶油乳酪、砂糖、香草籽和柳橙皮末倒入中型攪拌盆裡，用電動攪拌機打發2分鐘至滑順。慢慢倒入蛋，每次倒入後都要打發均勻（圖2）。倒入柳橙汁和白巧克力，打發至均勻滑順。倒入烤盤中，用湯匙背面抹順麵糊表面。放上覆盆子（圖3）。

❺ 烘烤30分鐘（乳酪蛋糕此時會有些膨脹，但烤完後會塌陷），接著小心地將烤盤轉向，續烤30分鐘，或至表面淺金、中間剛好凝固。連同烤盤移到冷卻架上完全放涼。

❻ 撒上糖粉，常溫食用（蛋糕十分脆弱柔軟，所以請用利刀切片），或冰過變硬後再享用。

Tip

巧克力可放進微波爐中融化。倒入微波碗中，轉50%（中火）強度，加熱1分鐘便取出攪拌；重複數次，直到巧克力融化、滑順即可。

義式瑞可達乳酪蛋糕佐紅酒無花果

這款蛋糕因為使用了瑞可達乳酪，所以質地比大多數乳酪蛋糕還要輕盈。請購買圓形包裝的新鮮瑞可達乳酪。柳橙、松子和無花果也為蛋糕的風味和質地帶來絕妙的組合。

| 份量：8人份 | 準備時間：40分鐘（＋靜置2小時、放涼2小時和冷藏3小時） | 烹調時間：1小時20分鐘 |

材料
＊1kg新鮮瑞可達硬質乳酪　＊115g（⅓杯）蜂蜜　＊75g（⅓杯）細砂糖

＊2½茶匙柳橙皮末　＊60ml（¼杯）現榨柳橙汁，濾掉殘渣

＊4顆蛋，常溫，稍微打過　＊35g（¼杯）中筋麵粉，過篩　＊65g松子

紅酒無花果
＊375g無花果乾，去蒂　＊250ml（1杯）滾水　＊250ml（1杯）紅酒

＊2湯匙瑪薩拉白葡萄酒（Marsala）　＊75g（⅓杯）細砂糖　＊1大撮丁香粉

做法
1. 製作紅酒無花果。無花果倒入小型隔熱碗中，接著倒入滾水，靜置1小時，或至無花果變軟。

2. 無花果不要瀝乾，和紅酒、瑪薩拉白葡萄酒、砂糖和丁香粉一起倒入中型平底鍋中，拌在一起，中火煮到沸騰。不蓋鍋蓋，煮20分鐘，或至無花果變得非常軟（圖1）。移開火源，放涼至常溫。

3. 烤箱預熱至170℃（325℉）。一個直徑18cm扣環式活動蛋糕模刷上薄薄一層融化奶油或食用油，並撒粉。

4. 瑞可達乳酪、蜂蜜、砂糖、柳橙皮末和柳橙汁倒入食物調理機中（圖2），拌至滑順均勻。倒入蛋，拌勻。開關繼續開著，倒入麵粉，攪拌均勻即可。麵糊倒入模具中（圖3），用湯匙背面抹順表面。撒上松子。

5. 烘烤1小時，或至表面淺金，輕搖模具時中間仍有些晃動。關掉烤箱。在烤箱裡放涼2小時，或放涼至常溫；放涼時，用木匙抵住箱門，讓箱門稍微打開。蓋好模具，至少冷藏3小時，或充分變冰為止。

6. 食用前1小時取出冰箱，退冰至常溫。切片，搭配無花果及部分汁液一起食用。

Tip
紅酒無花果可以提前四天做好，放入保鮮盒並冷藏保存。

Italian Ricotta Cheesecake with Red Wine Figs

單位換算表
Conversion Charts

烤箱溫度				長度			重量			容量	

烤箱溫度

攝氏 °C	華式 °F	溫度等級 Gas
70	150	¼
100	200	½
110	225	½
120	235	½
130	250	1
140	275	1
150	300	2
160	315	2-3
170	325	3
180	350	4
190	375	5
200	400	6
210	415	6-7
220	425	7
230	450	8
240	475	8
250	500	9

長度

公分 cm	呎 inches
2 mm	¹⁄₁₆
3 mm	⅛
5 mm	¼
8 mm	⅜
1	½
1.5	⅝
2	¾
2.5	1
3	1¼
4	1½
5	2
6	2½
7	2¾
7.5	3
8	3¼
9	3½
10	4
11	4¼
12	4½
13	5
14	5½
15	6
16	6¼
17	6½
18	7
19	7½
20	8
21	8¼
22	8½
23	9
24	9½
25	10
30	12.
35	14
40	16
45	17¾
50	20

重量

公克 g	盎司 oz
5	⅛
10	¼
15	½
20	¾
30	1
35	1¼
40	1½
50	1¾
55	2
60	2¼
70	2½
80	2¾
85	3
90	3¼
100	3½
115	4
120	4¼
125	4½
140	5
150	5½
175	6
200	7
225	8
250	9
280	10
300	10½
350	12
375	13
400	14
450	1 lb
500	1 lb 2 oz
550	1 lb 4 oz
600	1 lb 5 oz
700	1 lb 9 oz
800	1 lb 12 oz
900	2 lb
1000 =1 kg	2 lb 3 oz

lb 磅／kg 公斤

容量

毫升 ml	液量盎司 fl oz
30	1
60	2
80	2½
100	3½
125	4
160	5¼
185	6
200	7
250	9
300	10½
350	12
375	13
400	14
500	17
600	21
650	22½
700	24
750	26
800	28
1000 = 1 L	35
1250 = 1.25 L	44
1500 = 1.5 L	52

L 公升